再生可能エネルギーで地域を変える

監修／久保田 健（弘前大学 北日本新エネルギー研究所）
神本 正行（弘前大学、再生可能エネルギー協議会）

知の散歩シリーズ　1

刊行によせて

我が国は第二次世界大戦後、奇跡の経済復興を成し遂げ、長らく、右肩上がりの経済の時代を謳歌してきました。この時代は日本が敗戦という失意の底から次第に自信を取り戻していった過程であり、その最終段階では一時的に世界第二位の経済大国にまで上り詰めました。いまから見れば、日本が最も輝いていた時代でした。しかし、一九九〇年代半ばから、我が国はデフレ不況期という未知の時代に突入しました。それはこれまでに経験したことのない不透明な経済の時代であり、我が国が取り戻した自信に、再び陰りが差す時代でした。多様な価値観と混迷の時代です。

この時代には、さらに大きな二つの暗雲が垂れ込めています。一つは地球温暖化問題が様々な異常気象として発現し、気候や生態系や食糧や経済に具体的なダメージを与えるようになったことです。残念ながら、いまでは、観測史上初めてという気象観測データの報道が、日常化してしまいました。

もう一つは人口減少や少子高齢化や地方消滅の問題です。これは労働人口減少の問題でもありますので、デフレ不況の問題とも関連しています。また、地方が最もそのしわ寄せを受けており、地方疲弊の原因となっています。我が国はいま、経験したことのない、とても大きな試練に直面していると言わなければなりません。

このような時代的背景の中で、弘前大学が暗雲の払拭を目指して、北日本新エネルギー研究センターを発足させたのは二〇〇九年三月二三日のことでした。二〇一〇年一〇月一日には、この研究センターが教員の定員八名のうち七名を揃え、名称を北日本新エネルギー研究所に改めました。その直後の二〇一一年三月一一日には東日本大震災と福島原子力発電所事故が起こり、我が国が国家的エネルギー危機に直面し、図らずも当研究所設立の先見性が証明されました。

北日本は厳寒の冬や豪雪という特有の苦難を抱えております。これを克服するような、革新的な再生可能エネルギーインフラを研究開発することができるならば、これは大きな福音となるでしょう。当研究所はまさに、そのような使命を目指して設立されました。「北日本」と「新エネルギー」とを冠した当研究所は、数ある国内外の大学附置研究所の中にあっても、きわだってユニークな存在です。北日本新エネルギー研究所の使命をさらに端的に表すならば、北日本への「地域貢献」にほかなりません。再生可能エネルギー技術を普及させることによって、地球温暖化問題という暗雲の払拭に寄与し、これを地域産業創出に結びつけることによって、地方消滅問題という暗雲の払拭に寄与します。つまり、地球温暖化問題という負の状況をチャンスに転化させて、地域興しを目指すのです。

その実現のためには、再生可能エネルギーの次世代を担う若き人材の育成が不可欠です。二〇一三年四月には、理工学研究科博士前期課程に当研究所教員が担当する「新エネルギー創造工学コース」が新設され、当研究所は大学院教育に参画するようになりました。それに先行して、当研究所は二〇一一年度から、すでに全学部の一、二年生を対象とした教養教育に参画しています。これは環境と生活「総合エネルギー学」というテーマ科目であり、当研究所の四部門の八教員が中心となって、半期の間、講義をリレー式に繋いでいく科目です。この「総合エネルギー学」は二〇一二年度から、全学部の入学者のほぼ一割程度の学生が履修するようになっています。東日本大震災後、学生諸君がエネルギー問題に高い関心を寄せていることがわかります。

本書はこの「総合エネルギー学」の講義をもとに、大学一、二年生や一般市民を対象として、いかにして再生可能エネルギーを地方創生に活かしていくかを、わかりやすく記述したものです。出版後は、「総合エネルギー学」の副読本としても利用していきます。しかし、同時に、本書には北日本新エネルギー研究所が発足してからの、各教員の六年間の歩みが滲み出ているはずです。つまり、北日本新エネルギー研究所発足六周年を記念するにふさわしい出版物でもあります。本書が少しでも、再生可能エネルギーによる地方創生の理解を広げることになるならば、執筆関係者の一人としては望外の喜びです。

北日本新エネルギー研究所の発案者である弘前大学南條宏肇前学長特別補佐、その構想を実現された遠藤正彦前学長、それをさらに推進された佐藤敬学長には、この機会をお借りして、御礼申し上げます。また、本書の出版をご支援下さった弘前大学出版会に御礼申し上げます。

二〇一七年二月七日

弘前大学北日本新エネルギー研究所長　村岡洋文

目　次

・オンラインと記載のある資料には紙媒体が存在するものもあります。タイトルからウェブ上で検索可能であるため、アドレスはあえて掲載していません（アクセスは執筆当時に確認したものです）。
・本文中の＊は脚註があることを示します。

はじめに～青森県のいまの暮らしとエネルギー～

青森県は三方を海に囲まれ、広大な土地（全国で八番目）があって林野も多く、自然に恵まれています。農業や漁業といった一次産業従事者が割合多く、農林水産省の二〇一三年統計によれば食料自給率も一〇〇%を超えます。また、消費者物価地域差指数[1]を見ると、食料、家具・家事用品および教育の価格水準は全国と比べて低いようです。ここから、自然が豊かで食料にも困ることなく、生活に身近なものや子育てに掛かる費用が少ない、つまり暮らしやすい県という見方ができます。

あれ……ひょっとして実感できませんか？

先の統計では長所のみ取り上げましたが、水道・光熱費について言えば突出して高く、最も家計に負担を及ぼしています。結局、生活を総合的に考えると、物価指数は都道府県別で一六番目と高い方です。その一方、収入面でみれば、全世帯の平均収入は全国四六位です。[2]なんということでしょう、下から二番目なのです。県内の高校生が卒業後、就職先を県外に選ぶ人の割合は四〇%を超えます。[3]もちろん、行きたいところ、行けるところを選んだ結果ですが、これは全国で三番目に高い数値です。人口密度は四一番目[4]ですから、娯楽施設や商業施設の数も人口比で多い部類ではありません。

果たして暮らしやすいのでしょうか。

ちょっと違うデータも引用しましょう。国土交通省の報告[5]に、二〇五〇年時における都道府県別・地域別の人口を試算したものがあります。青森県全体としてみたときに、二〇五〇年の人口は二〇一〇年比でマイナス四三%となり、人口減少が五〇%を超えると予想される地域は五六%だそうで、さらに、非居住地と化す地域は一六％との予想なのだそうです。そのときの老年人口[6]は働き盛りの数[7]の二倍を上回り、また、少子化傾向に大きな変化はないため、年少人口[8]の数は働き盛りの数よりも少ないと予想されています。

……ちょっと想像が追いつきませんね。未来のその時代に住んでいる人や、未来に県外へと引っ越していった人に感想を聞くことはできませんが、暮らしやすかったのでしょうか。

家庭消費の話に戻しますが、青森県の水道・光熱費が高い主原因は冬の燃料代です。

「寒いから暖房を使うでしょ。雪がたくさん降るから除雪も必要でしょ。だから燃料代高くてもしょうがない」きっとこれが一般論。でも、受身な考え方だけだとダメですよね。だって、『超』過疎化と『超』高齢化社会という悲観的な将来（像）の手招きに、導かれるままに向かっていくだけですから。

青森県の将来の人口減少は、日本が国として抱える少子化問題も要因と思いますが、顕著に人口が減少するとの試算結果に至る根本的な理由は、現在の青森県の総合的な暮らしやすさに何か心身満たされない部分があるからではないでしょうか。

冒頭で示した青森県の魅力、これのやや乏しい部分をちょっと書き換えてみましょう。

青森県は豊かな自然に恵まれており、この地の利を活かして食料自給率は一〇〇％を超えます。やりがいがあって高収入な就職口（雇用先）がたくさんあるため、新卒者の多くは地元に残り、県外からは移住者が続々と集まります。商業施設は活気に溢れ、最近ではまた新しいレジャー施設が建設中です。消費者物価指数を見ると、食料、家具・家事用品、教育および水道・光熱は全国と比べて低く、ゆとりある暮らしが営めます。その一方で、冬季は雪がたくさん降りますが、建物の暖房と道路の除雪・融雪はしっかりしており安全・安心です。舞い降る雪の幻想的なその雰囲気に誰もが魅了されるでしょう。

……話の後半は付け足しました。やりすぎましたかね。

でも、こうしたことを本気で考えている人たちがいます。ここに描いたイメージとそれほど変わらない青森県の姿を目指して、自分の子や孫の世代にはこうであって欲しいと願っている人たちがいます。行政の人だったり、商店街の定食屋の女将さんだったり、リンゴ作っているお兄さんだったり。皆さんの隣にいる友だちもそうかもしれません。

実は私たちもそうなのです。いまの青森が置かれている状況を考え、再生可能エネルギーの要素技術と周辺技術を武器として、これからの青森が、さらには、日本が、世界が豊かになることを強く願って、各種の取り組みを行っています。

本書は、その取り組みを「できるだけ簡単で文系・理系問わずに満足する読み物に」と執筆を依頼してまとめたもので、章ごとに完結します。ここから青森を眺めてみましょう。

（久保田健）

（1）総務省の二〇一四年統計／（2）厚生労働省二〇一五年統計／（3）統計局二〇一五年政府統計
（4）二〇一四年国勢調査による／（5）国土交通省「国土のグランドデザイン2050」（二〇一四年）／（6）老年人口＝六五歳以上
（7）生産年齢人口＝一五～六四歳／（8）年少人口＝〇～一四歳

第一部
地域と世界のエネルギー事情を知る

第一章　世界のエネルギー事情

増大するエネルギー消費と格差の存在

　現在、世界の最終エネルギー消費は**図1-1**のように化石燃料が八割近くを占め、原子力と再生可能エネルギーもそれぞれ二・六%、一九・一%と一定の割合を占めています。再生可能エネルギーの約半分は在来型のバイオマス利用です。これは主に発展途上国の家庭等で焚き木や薪などを燃やして熱を得るもので、非商用のエネルギーです。効率が低く健康にも悪いため年々減少の傾向にあります。これに対し新型の再生可能エネルギーも一〇・一%ありますが、水力発電を除いた再生可能電力(太陽光発電や風力発電)の割合は一・三%に過ぎません。[1]

　再生可能エネルギーの総発電電力量に占める割合は**図1-2**に示すように、最終エネルギー消費の場合より少し大きく二二・八%ですが、その七割強は水力発電で、風力発電は三・一%、太陽光発電は〇・九%です。[1] 今後普及の期待される風力発電や太陽光発電等は四%強とまだまだ少ない割合を占めているに過ぎません。

　最終的に使用されるエネルギーは、供給された一次エネルギーから発電や輸送中の損失を差し引いたものです。供給されるすべての一次エネルギー(自然界に存在するエネルギー:化石燃料、核燃料、再生可能エネルギー)を全一次エネルギー供給と呼びます。二〇一三年の世界の全一次エネルギー供給は約一八、七九七メガ石油換算

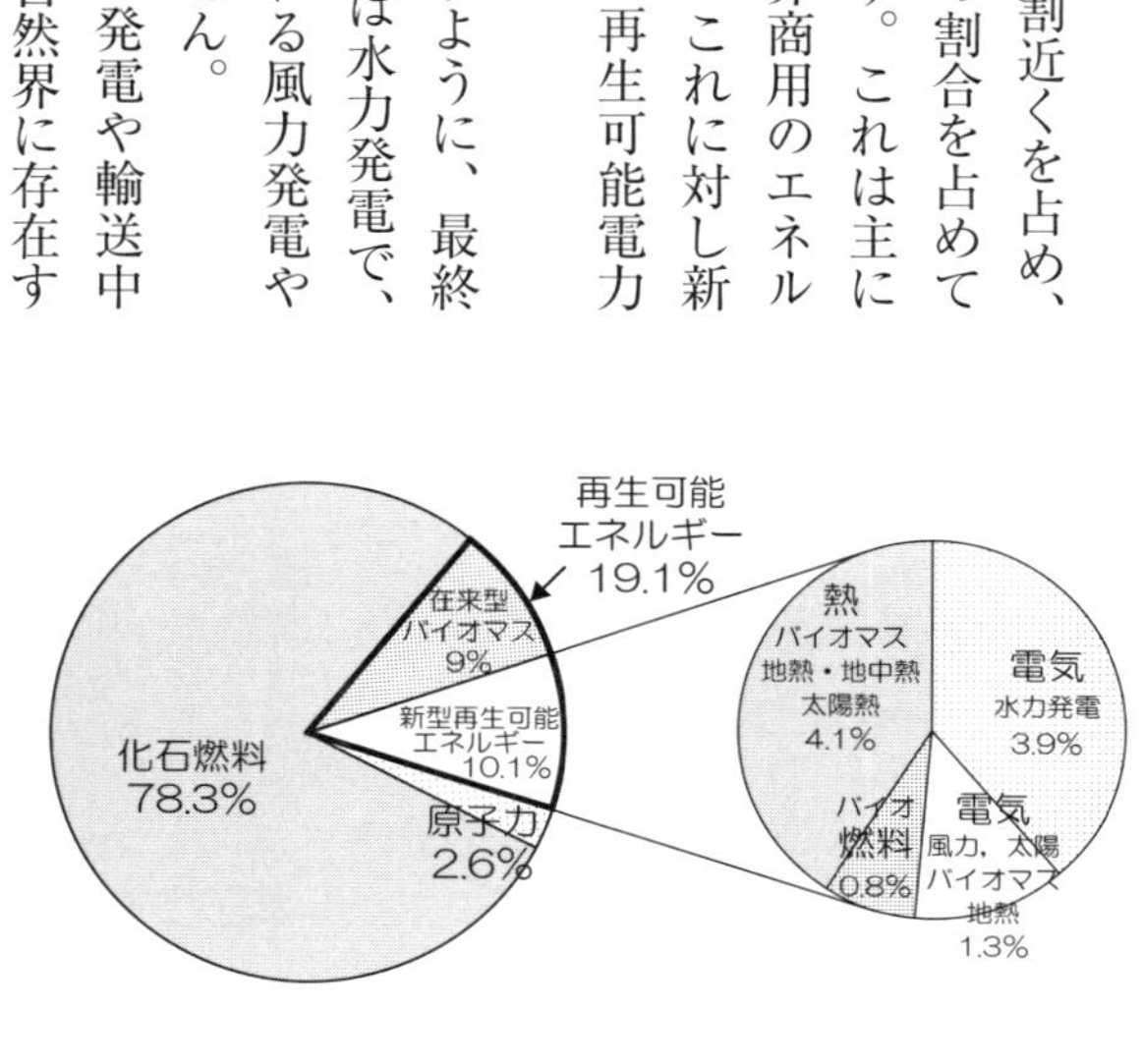

図1-1　最終エネルギー消費と再生可能エネルギー(1のデータを基に作図)

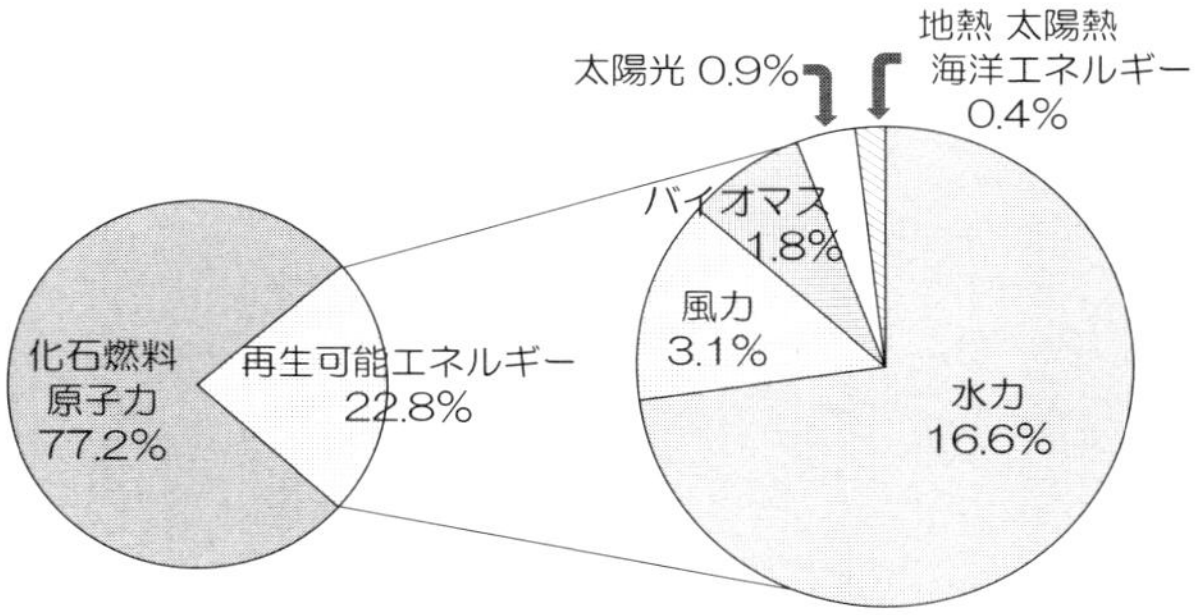

図1-2　総発電量と再生可能エネルギー（1のデータを基に作図）

トンでした。[2] ここで、石油換算トン（toe）とは、複数ある一次エネルギーを比較するために導入された単位で、一石油換算トンは一トンの原油を燃焼させたときに得られるエネルギー量（四二メガジュール）です。世界人口は約七一億人[3]でしたので、一人当たり約二・六石油換算トンのエネルギーを使っているということになります。これを国ごとに見ると**図1-3**のように大きな格差のあることがわかります。カナダやアメリカは日本の二倍程度使っていますし、多くの国は日本の半分も使っていないというのが現状です。

　これらの一次エネルギーは、運びやすく使い勝手をよくするために二次エネルギーである電力に変換されています。一人あたりの電力消費量の国ごとの格差は、一次エネルギー供給の場合よりさらに大きなものとなっています。電力が先進国の発展を支えてきたと言っても過言ではなく、先進国ではどこに行っても電力が供給されています。ところが、二〇一五年現在、世界には電力にアクセスできない人々が約十二億人も存在します。[4] そ

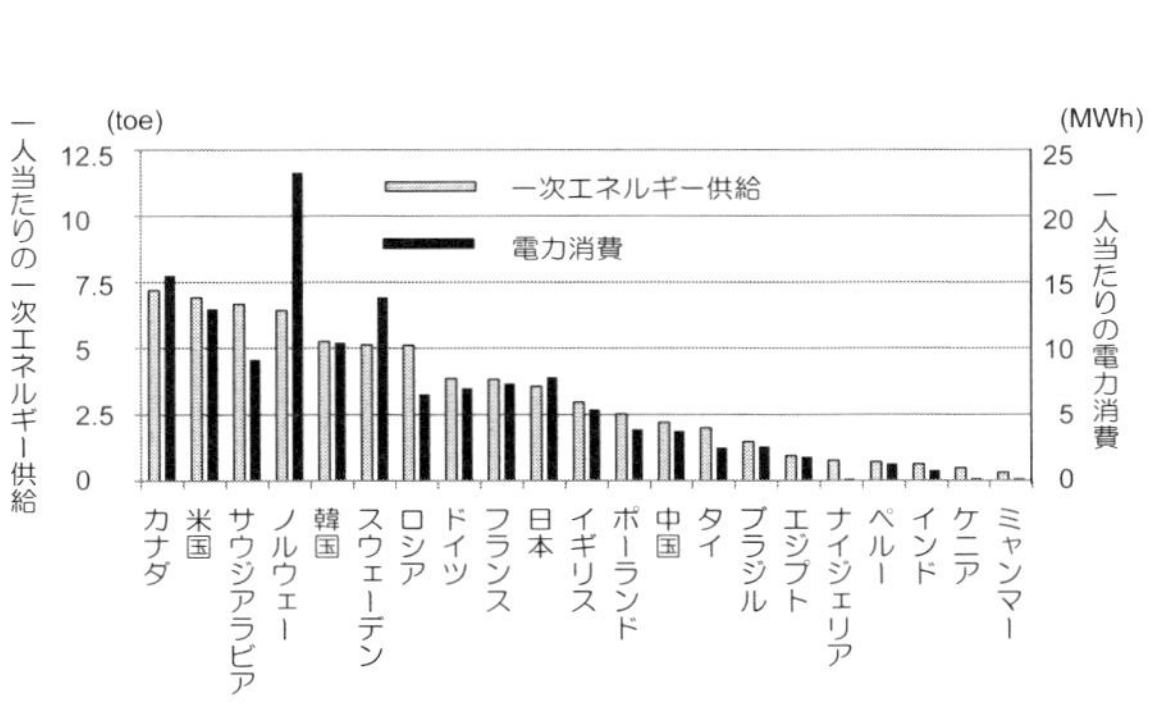

図1-3　一人当たりの一次エネルギー供給と電力消費（2013年）（2のデータを基に作図）

の多くはサハラ砂漠以南やインド等のアジアの国々に暮らす人々です。そしてほとんどが都市部ではなく農村部（地方）に住む人々です。

国ごとの格差、都市部と農村部の格差に加え、ジェンダーによる格差（社会的性差）があります。多くの発展途上国では焚き木の収集や水汲みは女性の役割です。このため女性には教育を受けるための時間がない等の問題があるのです。

これらの格差を解消あるいは緩和すべきですが、それは同時に世界のエネルギー使用量が大幅に増加することを意味します。ＩＥＡ（国際エネルギー機関）によれば、世界のエネルギー需要は二〇四〇年にかけて年平均一・〇％、電力は二・〇％の伸びとなり、二〇一三年比で七一・〇％の電力量の増加が見込まれています。二〇一三年から二〇四〇年にかけて増加する電力量を国・地域別に見ると、中国が三三％と最も多く、アジア・オセアニア合計で世界の六五％を占めています[5,6]（**図1-4**）。このような大きなエネルギー需要の伸びに対し、再生可能エネルギーへの期待がますます高まっています。地球温暖化防止に貢献できるクリーンなエネルギーで、また、発展途上国には再生可能エネルギー資源量の豊富なところが多いからです。

急激な伸びを示す再生可能エネルギー

再生可能エネルギーの物理的な資源ポテンシャルは膨大です。地上には一平方メートル当たりおよそ一キロワットの太陽エネルギーが降り注いでいて、地球全体の受ける太陽エネルギーは全世界のエネルギー消費量の約一万倍となります。サ

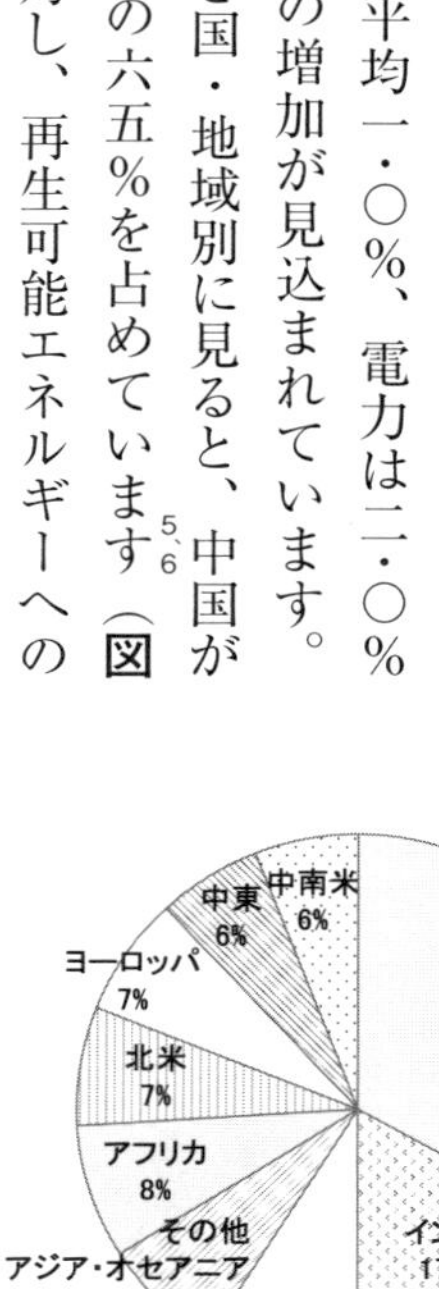

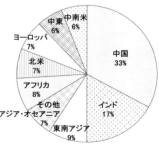

図1-4　増加電力量の国・地域別シェア（2013-2040年）
（5のデータを基に作図。5は6のNew Policy Scenario「世界各国の掲げる最新の政策の効果を考慮した場合のシナリオ」を採用）

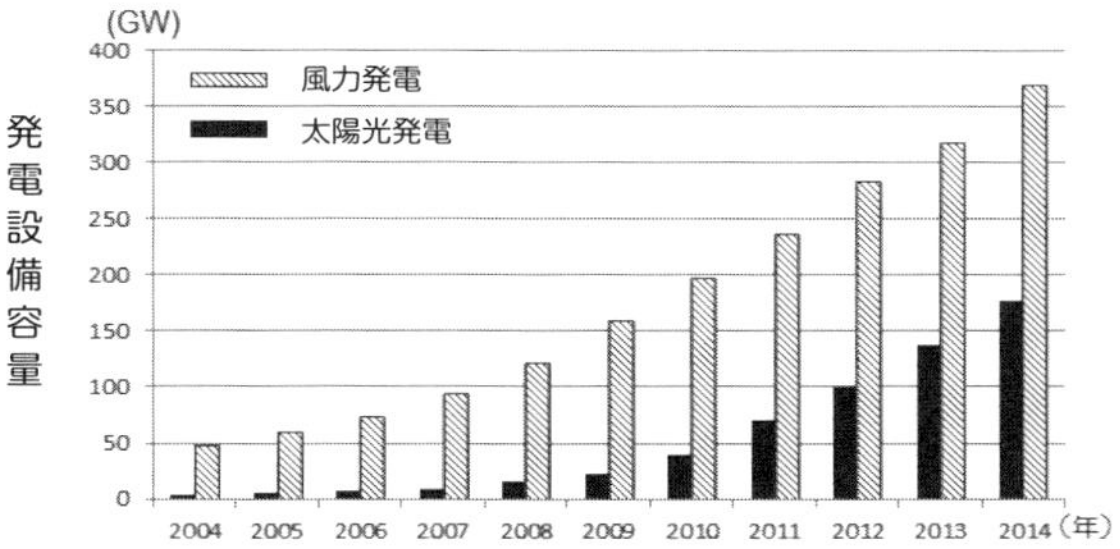

図1-5　風力発電と太陽光発電設備容量の年次推移（1のデータを基に作図）

ハラ砂漠の半分に太陽電池を敷き詰めるだけで全世界の消費電力をすべて賄えるという試算[7]もあります。

それにもかかわらず普及の遅れている最大の原因は、一般に再生可能エネルギーのエネルギー密度が低くコストが高いことです。また、現在普及の進んでいる風力発電や太陽光発電は日射や風況の変化による出力変動を生じ、電圧や周波数変動を一定の割合に留めるための技術的課題が存在します。それでも技術開発によりコストが徐々に下がり、再生可能電力の固定価格買取制度や補助金等の政策的支援策により、最近の導入・普及状況は著しいものがあります（**図1-5**）。電力ほどではありませんが、世界的には再生可能エネルギーの直接熱利用やバイオ燃料の普及の伸びも大きいことは注目すべきと思います（**図1-6**）。さらに注目すべきは、エネルギーや電力需要のかなりの割合を再生可能エネルギーが担っている国や地域が既に存在しているということです。地熱発電・地熱利用によりほとんどの暖房・給湯需要を賄っているアイスランド、全エネルギー消費のかなりの部分を再生可能エネルギーで賄って

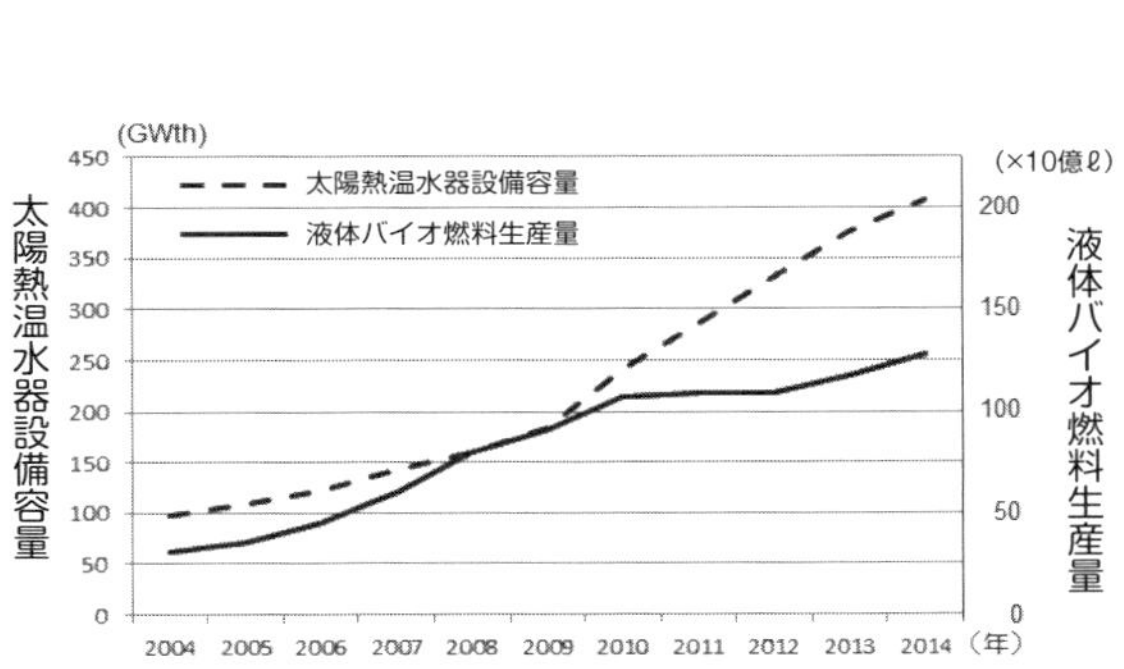

図1-6　太陽熱温水器設備容量と液体バイオ燃料生産量の年次推移（1のデータを基に作図）

いるブラジルやコスタリカやフィリピン、ケニア、再生可能エネルギーによる電力供給が全電力供給の三〇%に達しているドイツ等です。中長期的に再生可能エネルギーが世界の主要なエネルギーとなることは決して幻想ではないのです。

化石燃料の移動とシェールガスの出現

前述したように、現在一次エネルギー供給の約八割は化石燃料が占めています。化石燃料は元々太陽エネルギーによって作られたバイオマスが長期にわたって変化したものです。しかし変化の過程でエネルギー密度が高くなり、地球規模での輸送が容易になりました。実際石油は**図1-7**に示すように産地から需要地にパイプラインや船舶によって大規模に輸送されています。このため化石燃料に関わる国際紛争が過去にもしばしば起こっています。特にロシアや中東からの輸入に依存している国々ではエネルギー安全保障が重要な課題となっています。以前から米国は石油・天然ガスの中東依存度を低下させることを重要な政策目標としていました。国内に多くの資源を有する石炭火力発電とCCS（CO_2回収貯蔵）に力を入れていたのもこのような事情があったからです。

しかし経済的な資源ポテンシャルは採掘の経済性に大きく依存します。最近米国で、従来は回収の難しかった頁岩《けつがん》に含まれるシェールガスを経済的に回収することのできるフラッキング（破砕法）という技術が開発されました。**図1-8**に示すように、垂直から水平に掘り進み、発破でシェール層に割れ目を入れた後、割れ目に大量の水または特殊液を流し込み、加圧して割れ目をさらに大きくするものです。

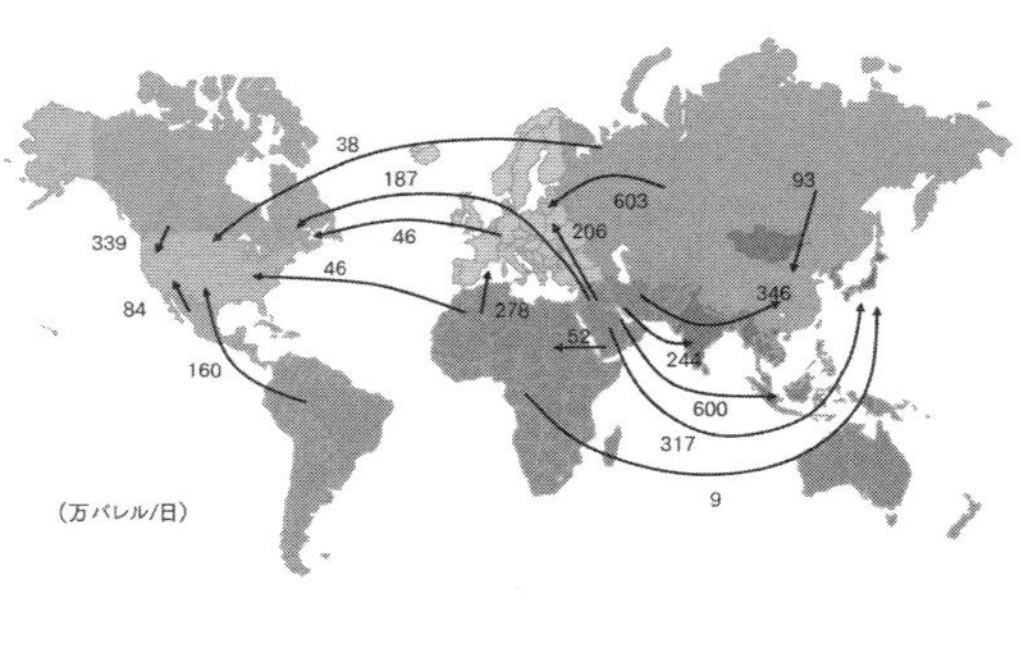

図1-7　2014年における石油の主な移動（5より転載）

この割れ目からガスを効率よく回収することができるようになったのです。実際米国のシェールガス生産量は急激な伸びを示しています。この結果、ガスと石油の従来の生産国とのバランスが崩れ、二〇一四年六月に一バレル当り一〇〇ドルを超えていた原油価格が七月以降下落に転じ、二〇一六年三月末時点で三〇~四〇ドル前後で推移しているのです。このような原油価格の下落により、産油国の経済が急速に悪化する等、様々な問題が生じています。

シェールガスは米国以外にも中国、アルジェリア、アルゼンチン、カナダ等にも多くの資源ポテンシャルがあると言われていますが、フラッキングについては地震の誘発や地下水の汚染等の環境影響にも配慮する必要があり、現在のところ米国以外でのシェールガス生産はほとんどありません。いずれにせよ米国では石炭火力発電重視から、ガスと再生可能エネルギー重視への政策転換が可能となったのです。

対立から協調へ

二〇一五年にパリで開催された第二一回気候変動枠組条約締約国会議ＣＯＰ21では、地球温暖化防止対策に関する新たな枠組み「パリ協定」を採択し、条約に加盟する一九六カ国・地域の参加する画期的なものとなりました。この協定のポイントは下記のようなものです。

- 産業革命以前に比べ気温上昇を二℃未満に。努力目標は一・五℃以内。
- 二一世紀後半に人為的な排出量と森林などの吸収量を均衡。
- 全ての国に削減目標の作成と国連への提出と見直しを義務付け。世界全体の進捗

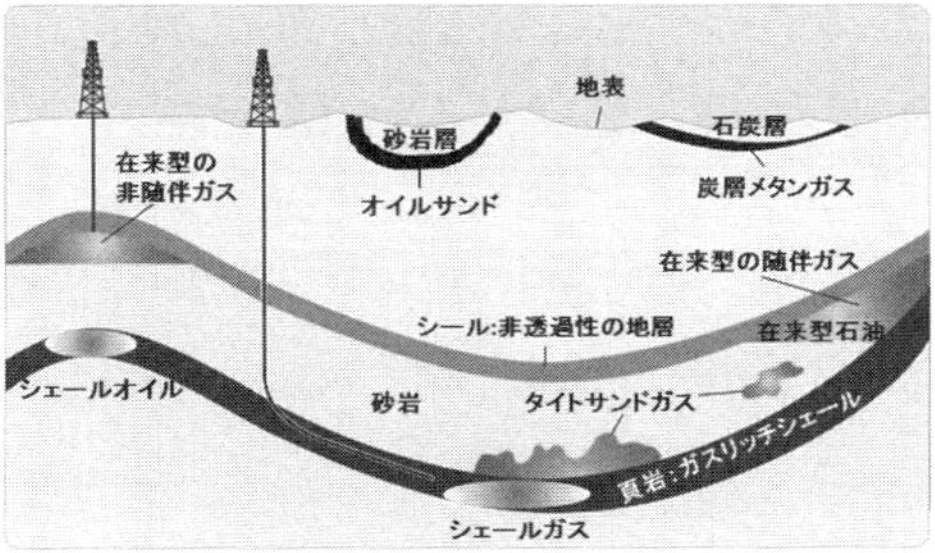

図1-8　在来型天然ガスと非在来型（シェールガス、タイトサンドガス、炭層メタン）の模式図（8、9を参考に作図）

を五年ごとに見直し。

- 適応に関する世界全体の目標を設定。
- 先進国に発展途上国への資金の拠出を義務付け。発展途上国にも自主的な拠出を推奨。

一九九七年の「京都議定書」ではＧＨＧ（温室効果ガス）排出量削減義務が課せられましたが、多量の排出国である米国と中国が参加せず、発展途上国には削減義務が課せられませんでした。地球温暖化の影響を最も受けやすい島嶼《とうしょ》国は大幅な削減を求め、インド等は現在の二酸化炭素濃度増大に責任のある先進国が削減義務を負うべきとの立場です。先進国の中でも、日本のように省エネルギーの進んでいる国は二酸化炭素削減ポテンシャルが小さく、同じ削減量でも他国に比べ多くの資金が必要となります。このように各国の利害が大きく対立するのです。かつては地球温暖化そのものに対する疑問を呈する国もありました。

　このような各国の利害が対立する中で「パリ協定」が合意に至ったことは極めて重要な意味を持ちます。そもそも二℃[11]の上昇に留めるということは気候変動に関する政府間パネルＩＰＣＣの評価報告書を根拠にしたものです。ＩＰＣＣは人為起源による気候変化、影響、適応及び緩和方策に関し、科学的、技術的、社会経済学的な見地から包括的な評価を実施するパネルです。執筆者は各国からの推薦に基づき選ばれ、政策提言ではなく気候変動という複雑な課題に関し、政策決定者に対し評価結果を提示することがミッションです。科学技術者・社会経済学者のコミュニティと政策決定者との協力により、世界のエネルギー・環境問題がその解決に向かうことを期待したいと思います。

（神本正行）

参考文献
1 RENEWABLES 2015 GLOBAL STATUS REPORT, REN21(Online)
2 IEA Statistics(Online)
3 ＷＨＯ『世界保健統計二〇一五年版』（English 表記のページ）
4 IEA World Energy Outlook 2016, IEA Publications, 2016
5 資源エネルギー庁「平成27年度エネルギー白書」二〇一六年五月（オンライン）
6 IEA World Energy Outlook 2015, IEA Publications, 2015
7 Edited by K.Komoto, M.Ito, P.van der Vleuten, David Faiman, K.Kurokawa, Photovoltaic Power Systems Executive Committee of the International Energy Agency, Energy from the Desert, Earthscan, 2009
8 U.S.Energy Information Administration（EIA）ホームページ
9 資源エネルギー庁「平成26年度エネルギー白書」二〇一五年七月（オンライン）
10 The Paris Agreement, COP21(Online)
11 ＩＰＣＣ「ＩＰＣＣ第五次評価報告書（ＩＰＣＣ ＡＲ５）」（二〇一四年四月）（オンライン）

第二章　日本と地域のエネルギー事情

極めて低い日本のエネルギー自給率

第一章で述べたように、各国・地域で使用されるエネルギーは主に化石燃料で、その生産地から需要地に地球規模で輸送されています。このため生産地や輸送経路における紛争等に影響されることが多く、このため各国・地域はエネルギーの安定供給を重要な政策課題としています。エネルギー自給率とは自国・地域の中で供給可能なエネルギーの割合で、我が国の場合、純粋な国産エネルギーは再生可能エネルギーしかありませんので、極めて小さな値です。再生可能エネルギーと原子力の割合を自給率とする場合もありますが、福島原発事故の前でも我が国の自給率は二〇%以下で、先進国の中では韓国と並び際立って低い自給率でした（**図2-1**）。

原子力発電所の再稼働が不透明な中で、自給率を高めるためには、メタンハイドレートを含む新規化石燃料資源の自主開発とともに再生可能エネルギーの開発が求められているのです。メタンハイドレートとは、低温かつ高圧の条件下でメタン分子が水分子に囲まれた結晶構造を持つ化石燃料です。日本近海にも存在し、経済的な利用を目指した研究開発が進められています。

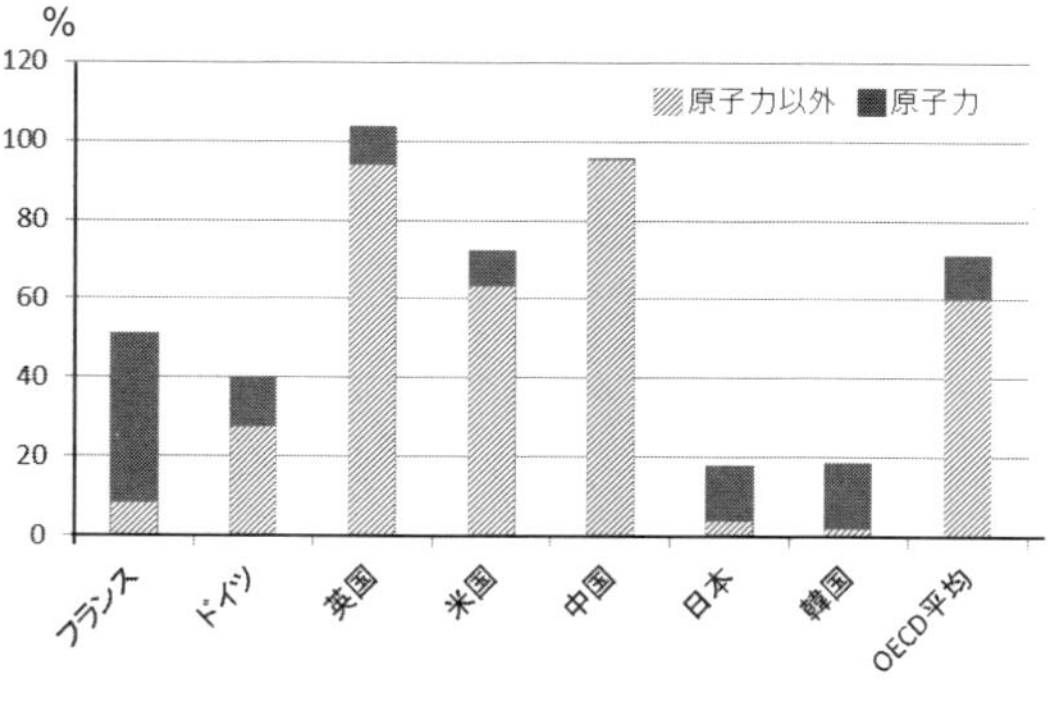

図2-1　2000年代の各国のエネルギー自給率（原子力を含む場合と含まない場合）（資源エネルギー庁資料を基に作図）

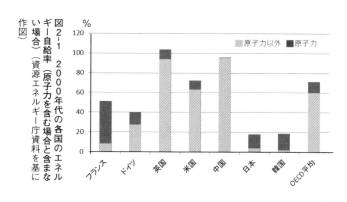

エネルギー需給の現状

図2-2[1]は我が国の一次エネルギー国内供給の推移を示したものです。一九七〇年代から現在に至るまで、化石燃料が大半を占めるという状況は変わっていません。しかし石油ショック以来、石油の割合が減りエネルギー源の多様化が図られました。特に比較的二酸化炭素排出量の少ない天然ガスへのシフトが見られます。また、東日本大震災後は原子力発電所がすべて停止し、二〇一六年現在も再稼働に関し先行きが不透明な状況が続いています。再生可能エネルギーの割合はまだ極めて少ない状況です。

需要については第八章の**図8-1**に示されている通り、第一次および第二次石油ショックのときを除き、最近までＧＤＰの増加とともに一貫してエネルギー消費が伸びてきました。特に運輸部門は一・八倍、家庭部門、業務他部門は二倍を超え、家庭部門と業務他部門の伸びは現在も続いています。一方、産業界の省エネルギーが進み、エネルギー消費は頭打ちになっています。我が国では省エネトップランナー方式を採用したことが省エネルギーに効果的だったと言われています。この方式は、同じ製品群の中で最も省エネ性能の高いものに、目標年度までに追いつくことを義務づけるものです。これによって大いに省エネルギーが進みました。

もちろん省エネルギーにもコストがかかります。過度な目標の義務付けは産業競争力（特に中小企業）を弱める心配がありますが、二酸化炭素排出量を削減するには短期的には省エネルギーの推進が最も効果があることも事実です。

図2-2　一次エネルギー国内供給の推移（1より転載）

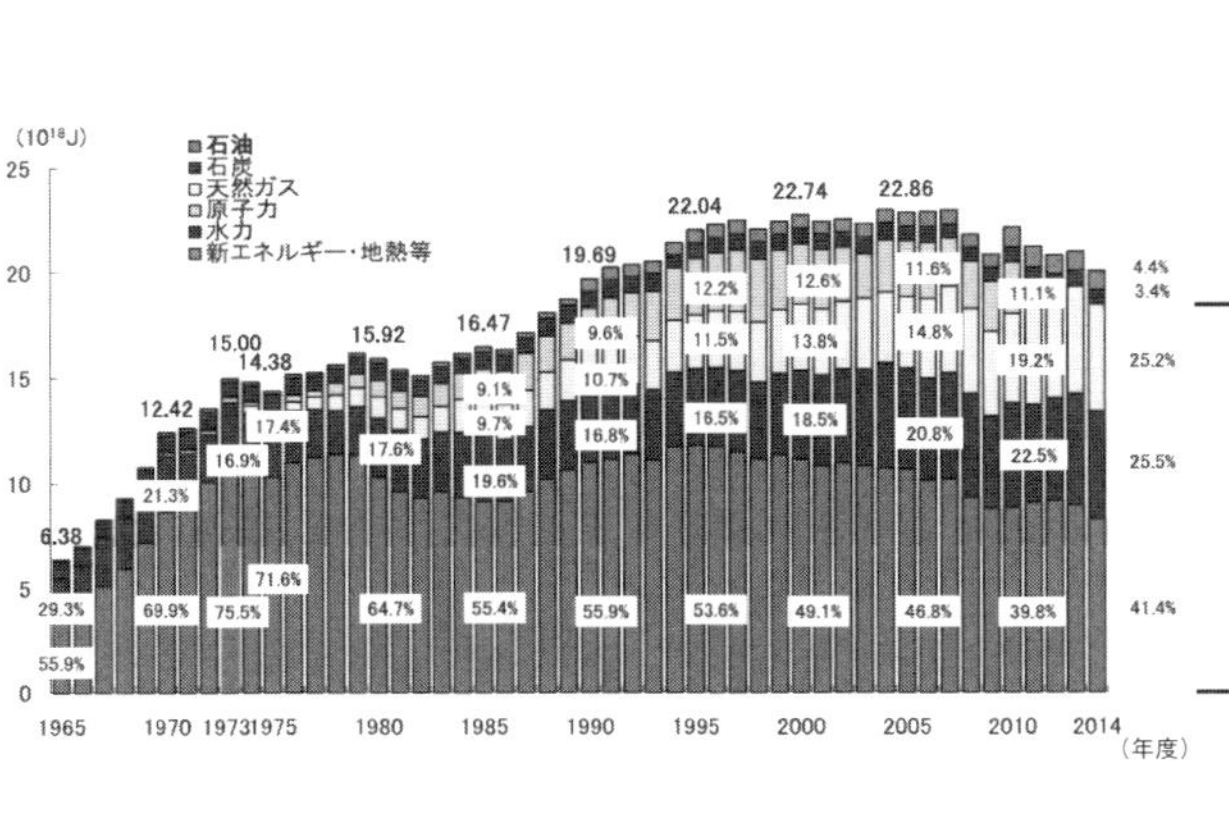

政策的な支援も必要ですし、我が国の優れた省エネ技術を他国で普及させることも含め、まだまだ省エネルギーを進める必要があります。

FITで進んだ再生可能エネルギーの普及

我が国の一次エネルギー供給に占める再生可能エネルギーの割合は、世界の状況と同じく極めて小さなものですが、FIT（固定価格買取制度）の導入により急激な増加傾向にあります。FITは、再生可能エネルギーで発電した電力を一定期間、市場価格よりも高価な価格で電力会社が買い取ることで、再生可能エネルギーの普及を促す制度です。再生可能エネルギーの種類によって技術の成熟度が異なり、規模によっても性能が異なります。このため種類と規模によって買取価格と買取期間が細かく決められており、また状況に応じてその見直しも行われています。

太陽光発電設備容量の年次推移（**図2-3**）で示すように、FIT導入後、買取価格が高く設定されていた太陽光発電は、設置期間が短いこともあり大いに普及しました。これまで家庭用システムが殆どだった我が国の太陽光発電も、他の国同様に大規模なシステム（メガソーラー）の割合が一気に増えました。

その一方で太陽光発電以外の普及は現在のところまだあまり進んでいない状況です。特に諸外国に比べ風力発電の普及が遅れています。世界で第三位の資源量を誇る地熱発電もこの二〇年間は新設が全くなく、発電設備容量は世界第九位に過ぎません。[2] しかし我が国の技術は世界で使われています。風車の巨大

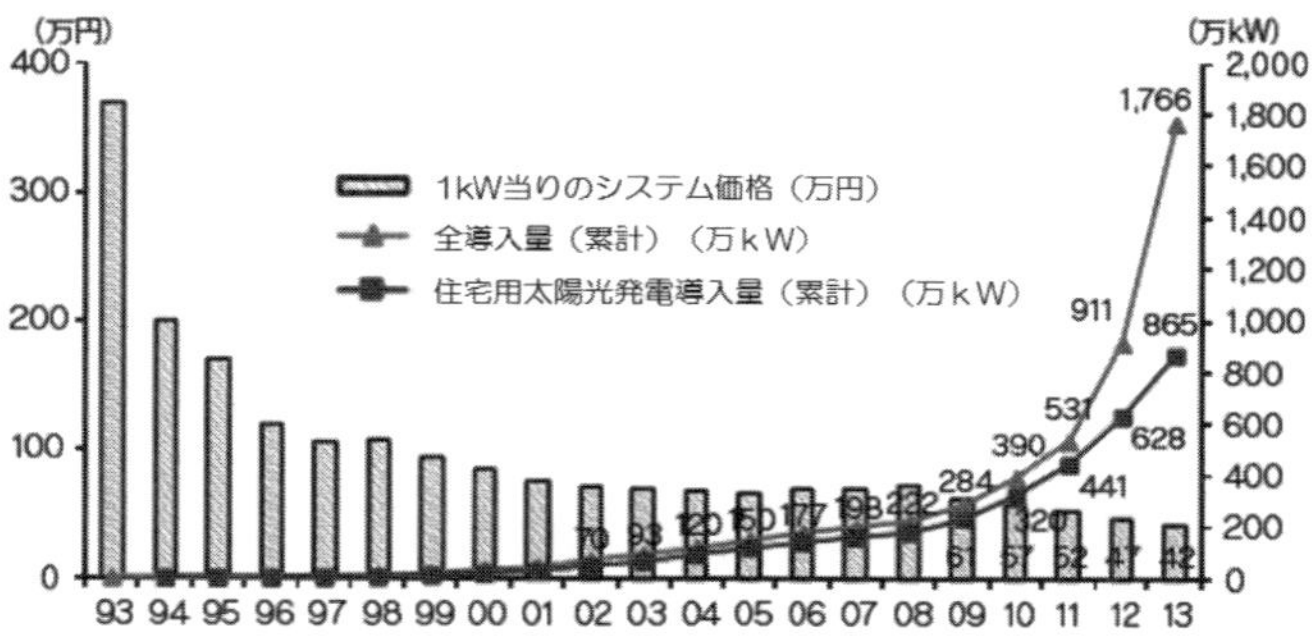

図2-3　太陽光発電システムの価格と導入量（設備容量）の年次推移（1より転載）

化に伴い我が国の得意な炭素繊維強化プラスチックの風車ブレードへの採用が増えていますし、風車の軸受け（ベアリング）でも日本メーカーの風車向け世界シェアは五割に達しています。[3] また地熱発電用タービンの世界シェアは七割近くです。[3]

　これまでに述べたことは再生可能な電力についてです。つぎに再生可能エネルギーの直接熱利用の状況について見てみましょう。**図2-4**は太陽熱温水器の設置状況の年次推移を示したものです。オイルショック後に普及が進みましたが現在では減少傾向にあります。

　地中熱利用も諸外国に比べ極めて低い普及率ですが最近の伸びは著しいものがあります。環境省の調査によれば、二〇〇九年から二〇一三年の間に、地中熱ヒートポンプの設置台数は年平均で二一・九％の伸びを示しています。最終エネルギー消費の多くが熱として使われていることを考えると、太陽熱や地中熱等の直接熱利用システムが、我が国でも、もっと使われてよいのではないかと思います。

エネルギーミックス

　第二一回気候変動枠組条約締約国会議ＣＯＰ21において、我が国は二〇三〇年に二〇一三年比で二六％のＧＨＧ（温室効果ガス）排出量削減を目指すことを表明しました。この数字は我が国の長期エネルギー需給見通し[4]を根拠に政策的に決められたものです。一次エネルギーは化石燃料、原子力、再生可能エネ

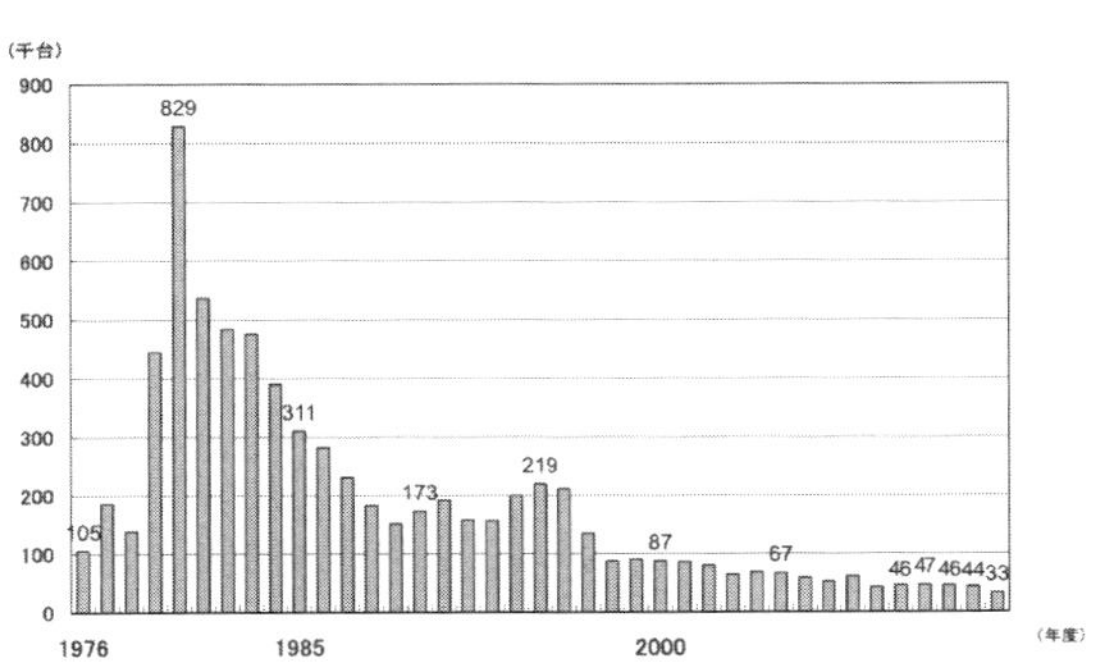

図2-4　太陽熱温水器（ソーラーシステムを含む）の新規設置台数（1より転載）

ルギーの三種類です。地球環境保全、エネルギーの安定供給、経済成長、ならびに安全を考慮し、省エネルギーを相当程度進めた上でこれらの一次エネルギーの割合（エネルギーミックス）が決められました（**図2-5**）。

再生可能エネルギーを賢く使う

再生可能エネルギーを大量に導入するには多くの課題があります。依然として高いコスト、電力系統の受け入れ能力、風力発電や太陽光発電等の変動電力による周波数変動・電圧変動などです。現状では政策的支援が必要なことは言うまでもありませんが、これらは技術開発に依存するところが大きく、実際、太陽電池や二次電池の革新的材料・デバイス技術や出力予測技術、エネルギーマネジメント等の研究開発が広範囲に進められています。一方、クリーンな再生可能エネルギーと言っても、その普及にはしばしば利害関係者からの反対が起こることがあります。地熱発電による温泉の枯渇を心配する温泉業者、海洋エネルギー（洋上風力発電や潮流発電等）により漁獲量の減少を心配する漁業関係者、風力発電の騒音を嫌う周辺住民等々です。環境影響評価と利害関係者との調整が極めて重要です。

ところで再生可能エネルギーには様々な種類があり、主に電気および熱として供給されます（**図2-6**）。太陽光発電や風力発電は出力が変動しますが、資源ポテンシャルは大きく、現在急速に普及が進みつつあります。水力発電や地熱発電、海流発電等はこれに対し比較的安定した出力が得られます。太陽熱や

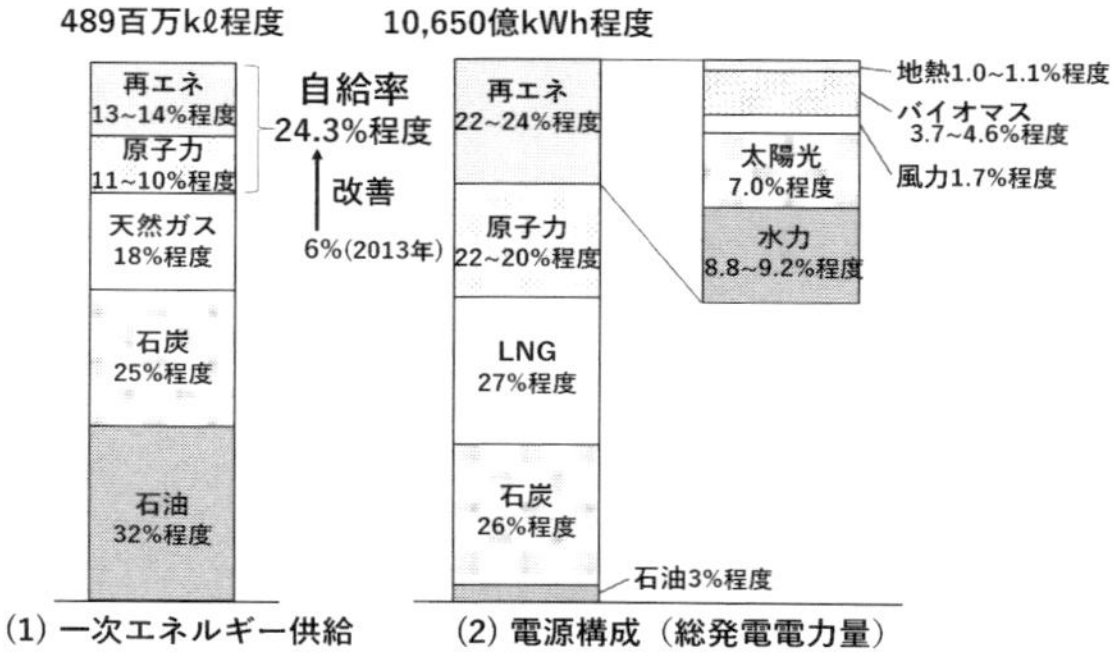

図2-5　2030年における一次エネルギー供給と電源構成（4のデータを基に作図）

バイオマス、地熱・地中熱等は直接熱利用の代表例で、高温の熱が得られる場合は、発電やコジェネレーション（熱電併給）を行うことも可能です。採光や光触媒による太陽光の利用やバイオマスによる燃料製造も行われています。将来の技術としては、静止軌道の衛星に太陽電池を設置し、太陽電池の発電出力をマイクロ波に変換し地上に送電する宇宙太陽発電の研究開発も進められています。

再生可能エネルギー全体の資源ポテンシャルは我が国でも相当大きいものの、一つの再生可能エネルギーだけでエネルギー需要の全てを賄うのは困難です。多様な再生可能エネルギーを総動員し、それぞれの特徴を生かしたスマートなエネルギーシステムやスマートコミュニティの構築が求められています。再生可能エネルギーはエネルギー密度が低く分散型のエネルギーと言えます。再生可能エネルギーはスマートコミュニティを支える主要な技術であると同時に、スマートコミュニティは再生可能エネルギーの大量導入を促進するものと考えられます。

地域の果たす大きな役割

再生可能エネルギーの資源ポテンシャルは地域によって異なります。エネルギー需要も地域・社会によって異なります。したがってそれぞれの地域・コミュニティごとに最適なエネルギーシステムを構築すべきなのです。

例えば北日本は積雪寒冷地で冬期には大きな熱需要が存在します。熱は遠距

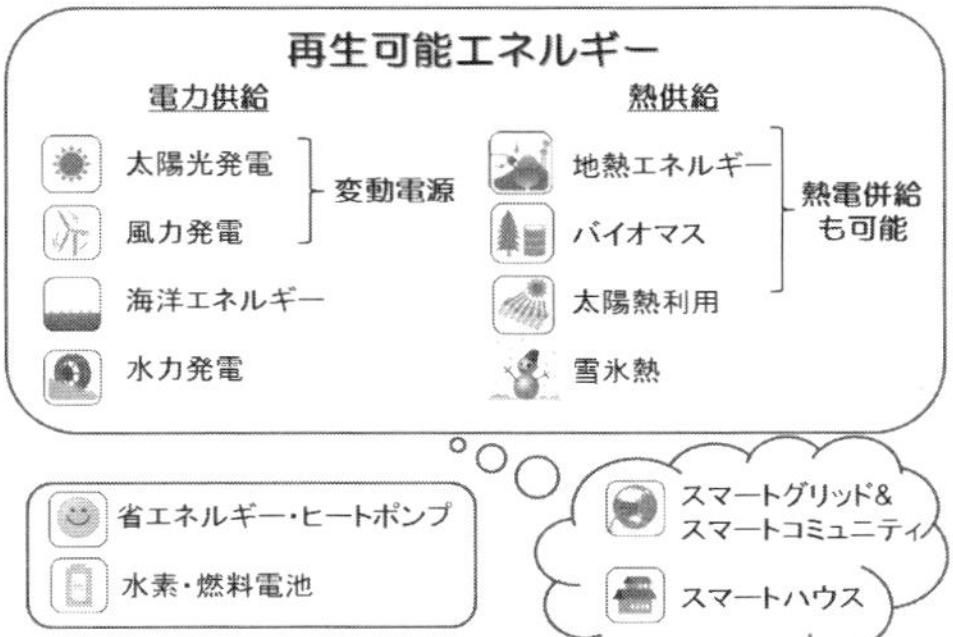

図2-6　多様な再生可能エネルギーと関連技術

離輸送が難しいので地産地消が基本です。家庭のみならず農林水産業や工業にもバイオマス、地熱・地中熱、太陽熱等の熱利用がもっと進んでもよいように思います。積雪寒冷地という弱みを強みに変えて、関連産業の育成と雇用の創出を実現したいものです。

またこの地域は、風力発電や中小水力発電の資源ポテンシャルが大きいことでも知られています。**表2-1**に示した資源ポテンシャル（導入ポテンシャル）[5]は、技術開発の進展や固定価格買取制度・補助金等の政策的支援を仮定して見積もったものです。将来、資源ポテンシャルのどの程度を実際に利用できるかは現時点では明確ではありませんが、東日本大震災前の東北電力の電力供給能力が約一六ギガワットだったことを考えると、風力発電や太陽光発電の稼働率が低いことを差し引いても、東北地方の再生可能エネルギーのポテンシャルは大きいと言ってよいでしょう。東北地方の陸上風力発電のポテンシャルは全国の二六%ですが、実際、青森県は現在我が国で最も風力発電の設備容量の多い県です。洋上風力発電も含めれば、将来的にはかなりの量の再生可能エネルギーを電力あるいは水素の形で他都県に供給することも夢ではないと思います。

再生可能エネルギーの導入・普及やスマートコミュニティを構築するには、地域ごとの取り組みが不可欠です。地域ごとにどのような再生可能エネルギー資源が賦存し、どのようなエネルギー需要があるかが異なるからです。再生可能エネルギーは多くの雇用を生み出し地域を活性化できる可能性を持っています。[6] そして地域ごとの取り組みが全体として地球温暖化の緩和に大きく貢献で

表2-1　平成22年度再生可能エネルギー導入ポテンシャル調査（5より転載）

エネルギー	導入ポテンシャル			設備容量の割合（東北/全国）
	全国	東北電力管内		
	設備容量	設備容量	発電量	
風力	1,900GW	300GW	6,300億kWh/y	16%
（陸上）	280GW	73GW	1,500億kWh/y	26%
（洋上）	1,600GW	220GW	4,600億kWh/y	14%
太陽光発電（非住宅系）	150GW	18GW	160億kWh/y	12%
中小水力	14GW	4.3GW	240億kWh/y	31%
地熱発電	33GW	3.5GW	230億kWh/y	11%

きるのです。

本書の第二部では、次世代の主要なエネルギー源として期待される様々な再生可能エネルギーについて紹介します。第三部ではエネルギーを効率的に利用するための技術を紹介します。第四部では積雪寒冷地特有の課題を取り上げています。過酷な自然環境に対応したエネルギー機器やシステムの導入により、地域の景色が一変するかもしれません。これらの技術により、積雪寒冷地向けのスマートコミュニティ、そして自然と調和した人々の豊かな暮らしを実現したいものです。

（神本正行）

参考文献

1　資源エネルギー庁「平成二七年度エネルギー白書」二〇一六年五月（オンライン）
2　RENEWABLES 2015 GLOBAL STATUS REPORT, REN21(Online)
3　日本経済新聞（二〇一二年九月一日、二〇一三年七月二日付記事）
4　経済産業省「長期エネルギー需給見通し」二〇一五年七月（オンライン）
5　環境省「平成22年度再生可能エネルギー導入ポテンシャル調査」二〇一一年三月（オンライン）
6　青森県エネルギー総合対策局エネルギー開発振興課「青森県エネルギー産業振興戦略」二〇一六年二月（オンライン）

第二部

次世代へつなぐ注目の再生可能エネルギー

第三章　風力・潮力

風力・潮力発電のしくみ

風力発電も潮力発電も流れから電気を取り出す技術です。風力発電の場合には風の流れであり、潮力発電の場合には潮の流れです。再生可能エネルギーの場合、熱として利用する場合もありますが、電気として利用する場合がほとんどですので、電気エネルギーを取り出す技術であると考えて下さい。私たちの日々の生活において、どのようなエネルギーが使われているかを考えてみて下さい。電気エネルギーが非常に便利で使いやすいエネルギーであることがわかると思います。

さて、大きな風車をよく見かけるように、風力発電は実用化されている技術です。一方、潮力発電のほうはこれからの技術です。すなわち、現在、実用化のための開発段階にある技術と考えて下さい。

それでは、風力や潮力によって、どのくらいの電力が供給されるのでしょうか。世界の再生可能エネルギーの導入量が**図3-1**です。風力がかなりの割合を占めています。潮力（海洋エネルギー）が少ないのは前述したようにこれからの技術であるためです。風力発電の導入量は世界では四三三ギガワット（二〇一五年）[2]です。主要国は多い順で、中国、米国、ドイツ、インド、スペインとなっています。欧州（EU）においては風力で必要電力の二〇～三〇%を供給しようと計画されていま

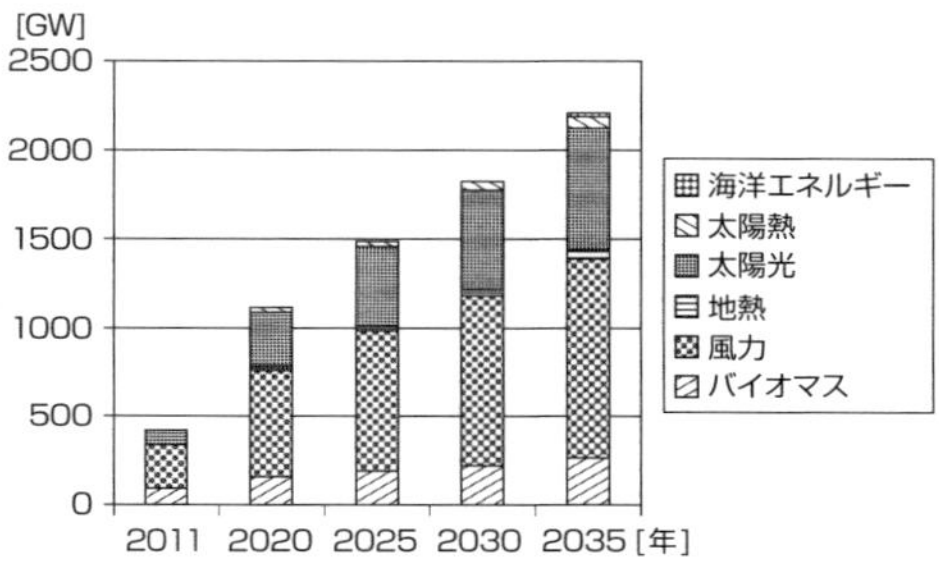

図3-1　世界の再生可能エネルギーの累積導入量予測（1より転載）

す。既に風車が浅海洋上に建設され発電が行われています。

日本における導入量が図3-2です。日本においては風力の導入量は少ない状況です。二〇一五年における累積導入量は三・一七ギガワット[2]です。（日本では二〇〇〇年に一〇〇〇メガワットを超えた状況です。また、二〇一五年における風車の国産機割合は四分の一未満であり、海外メーカーに先行されている状況にあります。）

なお、図3-1と図3-2には水力（発電）以外の再生可能エネルギーが示されています。水力（発電）が含まれていないことに注意して下さい。大規模な水力は、かなり前から稼働していて、ほぼ飽和状態となっているためです。一方、中小水力による発電は、これから、更に増えていきます。また、日本における電力供給量のうち再生可能エネルギーの占める割合は五％であり、水力はそのうちの八％となっています（二〇一一年[1]）。

風力・潮力発電は、流れの持つ運動エネルギーを電気エネルギーに変換します。流れのパワーで風水車を回し、その回転力で発電機を回して電力を得るわけです。運動エネルギーは流れの速度の二乗に比例します。そして流れの単位時間あたりの質量は速度に比例するので、結局は風水車が流れから受けるパワーは速度の三乗に比例します。つまり流れの速度が大きいほど大きな電力を取り出せることになるので（速度が二倍になると八倍）、風水車を設置する場所は流れの早いところほど発電には有利です。

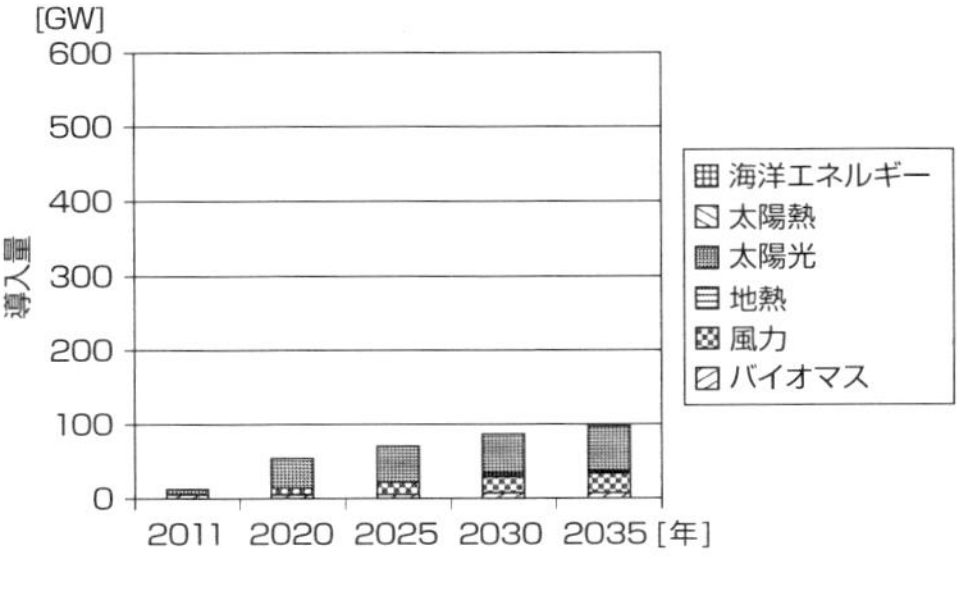

図3-2　日本の再生可能エネルギーの累積導入量予測（1より転載）

風力発電

風車の種類は、風車の軸が水平か垂直かで分類されます（図3-3）。水平軸風車では軸方向の風で回ります（風車は風に正対）。風に対して回転軸が垂直なのが垂直軸風車で、風の向きに関係なく回ります。

風車がどのような力で回るかでも分類できます。風方向の力で回るのが抗力型であり、風方向に対して垂直な力で回るのが揚力型です。揚力は飛行機の翼に働く力です。プロペラ式、ダリウス式、直線翼式が揚力型で、それ以外は抗力型です。大型の風力発電は三枚翼のプロペラ式（揚力型）です。パドル式は風速計でお馴染でしょう。オランダ式風車もご存知と思います。多翼式は西部劇の風景でよく見かける、揚水ポンプ用の風車です。サボニウス式の風車の最外周における回転の速さは風速を超えることがありませんが、直線翼の場合には風速を超えて回転します。揚力型の場合には揚力で加速され回転数が高まるためです。これが抗力型と揚力型の違いです。

最近の風車は発電量を増やすために大型化しています。例えば一メガワットの場合、ロータ径（回転部の径）は六〇メートルです。タワーの上にはナセルという部屋が取り付けられます。ナセルの重量は四五トンです。ナセルは風車軸を支え、その中には増速機と発電機が収められています。ナセルは風車が風と正対するようにタワーの上で回転します。タワー、ナセル、風車の翼は工場で製作し風車の設置場所まで運搬します。設置場所に土台を作り、その上に風車を組み立てます。運搬や据え付けにはトレーラー、クレーンといった重機が使われます。

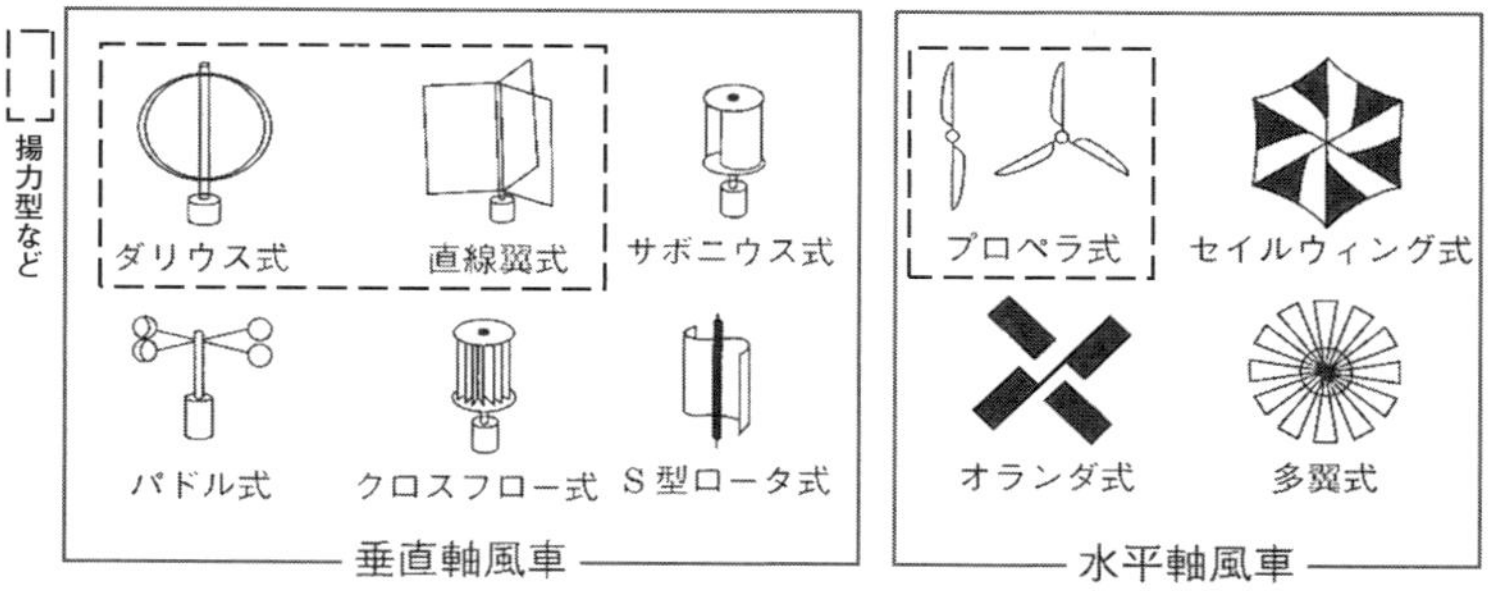

図3-3　風車の種類（3より改変して転載）

風車の種類にもよりますが、取り出せるパワーは最大で四〇～五〇％程度です。増速機の機械的な損失が四％、発電機における損失が六％あり、電力として風から取り出せるパワーは三〇～四〇％です。一メガワットの場合、一〇〇キロワットの発熱（損失）があることになりますので、増速機や発電機の冷却が必須です。そして、増速機のギアオイル等の劣化も進むため、メンテナンス作業を定期的に行います。

陸上風力発電システムの価格は日本の場合、世界に比べると倍程度高く、キロワットあたり二〇～三五万円です（二メガワットの場合、一基あたり四～七億円）。年平均風速が毎秒六メートル、売電価格がキロワット時あたり一〇円、設備稼働率が二〇％で約一〇年稼働の場合に経済的に成立するようです。世界の趨勢《すうせい》は洋上風力です。洋上の場合には風況が良いなどの利点がありますが、風車を洋上に設置することから、システム価格は高くなります。また、日本の場合には沿岸域の海は漁業などで使われていますので、設置には調整が必要な状況にあります。

大型風車では技術開発が進み、風車の騒音も小さくなり、環境問題も軽減されています。日本の特殊事情である、台風、落雷の問題にも対処できつつあります。

ここまでは、電力会社が工場や私たちの家庭に供給している電気（系統電源といいます）について考えましたが、小さい電源も二酸化炭素削減には貢献します。小さな風車による発電も行われ、電気の有効活用が図られてきていますが、システム価格が高いため普及が進まないのが現状のようです。

なお、風力発電は風が吹いているときのみ発電します。したがって系統電源に接続している場合には系統電源全体で電力の変動を吸収する制御が行われています。系統に接続できない場合には蓄電設備を設ける必要があります。

潮力発電

海洋エネルギーから電気を取り出すシステムには種々のものが提案されています。実用化されているものは数例しかありません。波のエネルギー（波力）を利用するシステムには水面の上下動を利用するものがあります。益田式航路標識用ブイはかなり以前に実用化されています。また、可動物体による波力発電システムがいくつか提案されていますが、いずれも開発途上のものです。貯水槽に越波した水を貯め、その水で発電するものも提案されていますが実用化はされていません。

潮流潮汐を利用するシステムもあります。一日二回の潮の満ち引きが潮汐です。それに伴う流れが潮流です。フランスのランスでは潮をダムで堰き止めた水力発電（潮汐力発電）が一九六七年から稼働しています。英国や米国のメーン州では潮流発電の実用化に向けた開発が進められています。潮流で水車を回して発電するものです。英国において開発されている潮流発電装置は定格出力が一・二メガワットであり、水車の直径が一八メートルで二個あり、大型の風力発電機なみの大きさおよび重量です。

また、海には海流があります。日本の太平洋側には黒潮、日本海側には対馬海流があります。津軽海峡にも海流が流れています。水中浮遊式の海流発電システムも提案され、基礎的な研究が進められている段階にあります。海洋エネルギーによる発電システムを開発するためには、海での実証試験を繰り返し行う必要があります。英国北部海域には実証試験のための設備が設置された海域が用意され、実証試験場として機能しています。

風力利用技術と潮流発電への取り組み

私たちの研究グループでは、大学独自の小型風車を開発し、民間会社によって吹雪のときに道路端を示す道路標識灯として実用化されています。また、この小型風車を使って海水を汲み上げ、漁業で使う電気を節約するための研究開発を地元企業とともに進めています。

弘前大学が独自開発した風車は水車としても優れた性能を発揮することから、小型風車発電機システムの開発と並行して水車発電機システムの開発と実証研究にも挑戦しています。日本の沿岸域における流速はそれほど大きくありません（青森沿岸域も同じです）。したがって系統につなぐような大きな電力の発電は難しい状況です。また、沿岸域は漁業に利用されています。そこで漁業を妨げない、小さな潮流発電機の開発を目指しています。そして発電した電気は漁業のために使います。電気量が必要な場合には小さな発電機を何台も並べて設置します。小さな水車発電機は製作・設置・メンテナンスが楽です。海の中に設置する発電機には、海洋生物付着がありますので、定期的なメンテナンスは必須です。小さな水車発電機の製作・設置・メンテナンスは地元の新たなビジネスとなることが期待できます。

ここでは、再生可能エネルギーのうち、風力と潮力を取り上げました。風力発電は風から、潮力発電は海から電気を得る技術です。風力は再生可能エネルギーの雄です。潮力はこれからの技術です。青森県は風、海のエネルギーに恵まれています。弘前大学では水産業への利活用のための、小型風車利用技術、小型水車発電機の開発を進めています。

（島田宗勝）

参考文献

1　国立研究開発法人 新エネルギー・産業技術総合開発機構（NEDO）「第一章 再生可能エネルギーの役割」『NEDO再生可能エネルギー技術白書 第2版』二〇一三年十二月（オンライン）
2　RENEWABLES 2016 GLOBAL STATUS REPORT, REN21 (Online)
3　国立研究開発法人 新エネルギー・産業技術総合開発機構（NEDO）・エネルギー対策推進部「第二章第一節 風車の種類」『風力発電導入ガイドブック 改訂第9版』二〇〇八年二月（オンライン）

第四章　バイオマスエネルギー

バイオマスエネルギーとは

バイオマス（Biomass、生物由来資源）とは樹木、草、菜種油などの植物や、動物の排泄物、人類活動中の廃棄物などに由来する原料や、エネルギーなどとして利用できる有機物資源の総称で、これらを利用したエネルギーをバイオマスエネルギーと言います。日本は国土の約六七％が森林であり、豊かなバイオマスを持っている国と言えます。青森県は、豊かな自然環境に恵まれ、農林水産業が盛んであり、全国有数の食料生産県の地位を築いており、農山漁村には多様なバイオマスが広く賦存*していています。特に、リンゴの剪定枝や搾りかすなど青森県特有のバイオマス資源が存在しています。

バイオマスは広く希薄に分散して存在し、低密度分散型のエネルギー資源です。地域内で発生したバイオマスを利用するとき、まずその地域の特性を踏まえた上でバイオマスを基盤としたエネルギーシステムの構築を考えなければなりません。また、バイオマスはエネルギーとして利用する以外にも様々な用途があります。例えば、エネルギー作物系バイオマス利用方法の原則として、食料（Food）、繊維（Fiber）、飼料（Feed）、肥料（Fertilizer）、燃料（Fuel）の頭文字をとった「バイオマスの５Ｆ」という多段階利用法が提唱されています。これは付加価値の高い利

賦存（ふそん）
利用の可否に関わらず存在している天然資源のことで、本章の場合はエネルギー用途としてのバイオマスの存在量のこと。

用法から優先すべきということです。多段階利用はバイオマス資源利用の鉄則とも言えます。

　バイオマスを燃焼させると二酸化炭素も排出されますが、これに含まれる炭素はそのバイオマスが成長過程で光合成により大気中から吸収した二酸化炭素に由来するため、全体として見れば、バイオマスをエネルギーとして使っても、最初に吸収した二酸化炭素が放出されるだけであることがわかります。この性質をカーボンニュートラル（Carbon neutral、炭素中立性）と呼んでいます（**図4-1**）。世界の総バイオマス量は陸上に約一・八兆トン、海洋中に約四〇億トン、土壌中にも陸上バイオマスに匹敵する量のバイオマスが賦存しています。単なる陸上の総バイオマス量をエネルギー換算すると約三三、〇〇〇エクサジュール（EJ:1EJ=10^{18}J）となり、現在の世界年間エネルギー消費量の八〇倍以上に相当します。

　樹木など木質系および稲わらなど草本系バイオマスの主な組成成分はセルロース（Cellulose）、ヘミセルロース（Hemicellulose）、リグニン（Lignin）であり、バイオマスの種によって異なります。これらは組成成分の化学構造が異なるため反応性も異なります。セルロースは結晶構造をもち、酸やアルカリ溶液に簡単には溶けませんが、ヘミセルロースはセルロースに比べて結晶性が低いため分解しやすく、多くはアルカリ溶液に可溶性を示します。ヘミセルロースおよびセルロースは、糖化処理によって糖類へと分解され、さらに酵母のような発酵微生物を用いて発酵させることにより、サトウキビやトウモロコシ

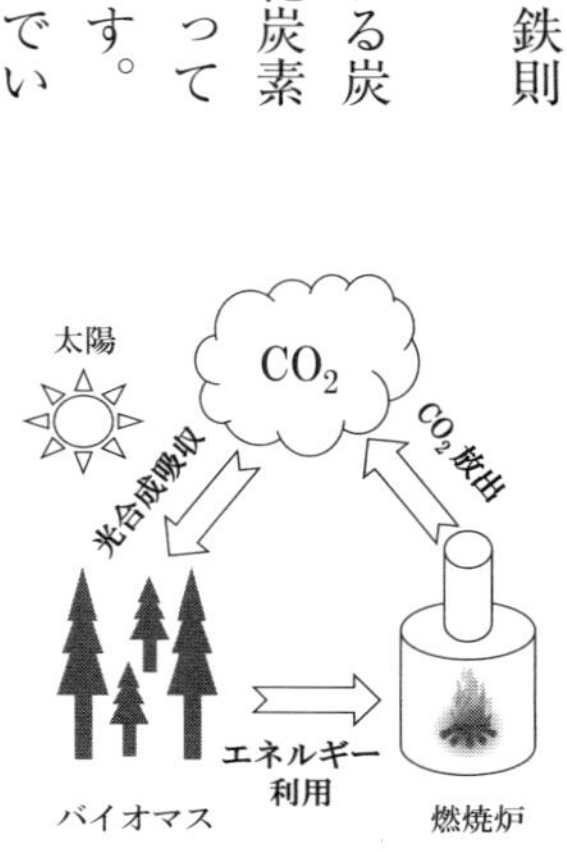

図4-1　バイオマスエネルギー利用カーボンニュートラルのイメージ（1を参考に作図）

等、食料原料の代替品としてバイオエタノール（Bioethanol）を製造することが可能です。リグニンの分子構造は複雑で、まだ完全には解明されていませんが、リグニンに含まれるエネルギー値は石炭とほぼ同じです。また、リグニンは地球上で最も多量に存在する芳香族資源であり、リグニンを付加価値の高い有機材料等に変換することで活用できれば、循環型社会の形成に大きく貢献するものと期待されます。

木質系と草本系バイオマスは主に炭素（C）、水素（H）や酸素（O）より構成されます。石炭、石油および天然ガスと違い、多くの酸素が含まれます。ほかの燃料と同じく、バイオマス含有エネルギーの指標として、単位重量を完全に燃やしたときに得られる熱量（いわゆる発熱量）がよく用いられます。バイオマスの発熱量は種類によって異なり、バイオマス中に含まれる元素の種類や比率（特に炭素と水素の含有量）に依存しています。酸素が多く含まれる場合には発熱量は大きく低下し、木質バイオマスの発熱量は石炭（約二八メガジュール／キログラム）より低く、一一〜一二メガジュール／キログラムです。

バイオマスエネルギー変換技術

バイオマスの種類は多種多様であるため、エネルギーとしての利用方法も多様です。**図4-2**にバイオマスエネルギーの変換技術をまとめています。その中で最も簡単な利用技術は直接燃焼であり、太古から利用されてきました。燃焼はバイオマスのほぼ全てのエネルギーを熱エネルギーとして得ることができ

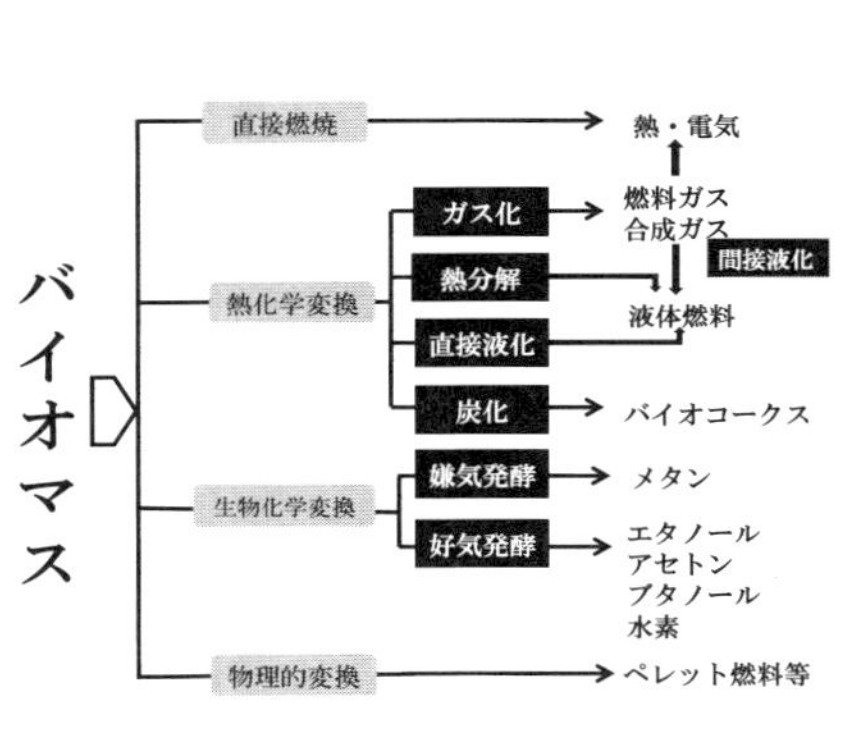

図4-2　バイオマスエネルギー変換技術概要（1、2を参考に作図）

ます。燃焼熱を蒸気サイクルという熱機関によって力学的エネルギーに変換し、発電機を駆動して電気エネルギーに変換する発電方式が、今、日本で稼働している大半の木質バイオマス発電所とゴミ発電所で採用されています。この方式の発電効率は理論的には温度と熱機関規模で決まり、小規模な発電所で熱損失が大きく、発電効率が低下します。バイオマスエネルギー変換技術の開発によってより効率的な利用法が期待されています。有望なバイオマスエネルギー変換技術を四つ紹介します。

(1) バイオマスガス化

バイオマスはエネルギー密度が低いため、効率よくエネルギーを得るためには工夫が必要となります。バイオマスを一旦合成ガス（Syngas、主な成分は水素（H_2）と一酸化炭素（CO））とメタンガス（CH_4）に変換できれば、燃料としての質が向上し、ガスエンジンやガスタービン、高品質の液体燃料の合成、燃料電池などに利用先が拡大することによって、高い効率でエネルギーを取り出すことが期待されます。

バイオマスは空気中で着火して完全燃焼させることができますが、低い酸素濃度または無酸素の不活性雰囲気*中で加熱すると、バイオマスが分解して低分子のガスと高分子のタール（Tar）が生成され、最後に炭素と灰分*が残ります。このプロセスを熱分解（Pyrolysis）と言います。バイオマスガス化（Biomass gasification）とは、ガス化剤でバイオマスを水素や一酸化炭素などを主成分とするガスに改質することです。ガス化は常圧や加圧、超臨界*などの状態で操作できます。ガス化剤に

不活性雰囲気
対象とする物質を長期保存する際の酸化抑制、あるいは加熱する際の燃焼（酸化）抑制などのために、物質が窒素やアルゴンなどの科学的に反応性の低いガス（不活性ガス）に包み込まれた状態。

灰分（かいぶん）
バイオマスに含まれる無機物（カルシウムや鉄などのミネラル）のこと。

超臨界
気体と液体が共存できる温度と圧力の限界点（臨界点）を超えた液体の一つの状態。

用いられるのは、空気や酸素、水蒸気、二酸化炭素などで、これらを組み合わせて用いられる場合もあります。

ガス化の第一ステップは、バイオマスの熱分解です。バイオマス中の各組成成分の熱分解温度は異なります。ヘミセルロースは二〇〇～三〇〇℃の温度域で分解が起こり、セルロースは三〇〇～四〇〇℃で、リグニンは二〇〇～九〇〇℃の広い温度域で熱分解される特徴があります。温度の上昇と共に、一酸化炭素、二酸化炭素、水素、メタン、水などの低分子ガスおよび高分子のタールが発生し、残りの固形成分はチャー（Char）という炭素を多く含んだものです。

ガス化の第二ステップでは、熱分解から発生したタールなど高分子化合物はガス化剤と反応して低分子のガスに変換されます。

ガス化の第三ステップはチャーのガス化です。これは温度が七〇〇～一二〇〇℃で、主にブードア反応（Boudouard反応、$C + CO_2 \rightarrow 2CO$）と水性ガス反応（$C + H_2O \rightarrow H_2 + CO$）により、一酸化炭素と水素が生成します。[1]

(2)　バイオマス液化

バイオマスを五五〇℃前後の無酸素状態で数百℃／秒程度の急速加熱によって、単位重量バイオマスの六〇～七五％の量に相当する石油のような液体燃料へ変換することができます。この液体燃料は重油の代替燃料として利用することが可能です。また、この液体燃料を更に加工することによって、ガソリンや軽油の代替燃料を得ることができます。

(3) バイオマスの炭化と半炭化

バイオマスを不活性雰囲気でゆっくり加熱すると大部分が炭素原子である炭になります。実は石炭も古代の植物が地下に埋もれ、空気が遮断された状態で長い年月をかけて地熱と地圧によって炭化されたものです。日本では古くから燃料用として木炭の生産が盛んです。炭素含有率は木材では約五〇%ですが、四〇〇℃で炭化すると約七〇%になり、六〇〇℃で約九〇%、一〇〇〇℃で九五%、一一〇〇℃で九六%になります。しかし、高温でバイオマスを完全に炭化すると、バイオマスが本来持つエネルギーの三分の二は外に逃げてしまいます。

最近、バイオマスを二〇〇~三四〇℃でほどほどに熱をかけることで、外へ逃げるエネルギーをできるだけ少なくすることができるようになりました。この方法は半炭化(Torrefaction)と言います。半炭化バイオマスは優れた取り扱いやすさ、粉砕性および石炭との混焼性などの特性を持っているため、将来の有望な工業用エコ固体燃料として期待できます。

(4) バイオマスの生物化学的変換

生物の代謝作用を利用してバイオマスを液体燃料または気体燃料に変えることができます。これまでに、メタン発酵とエタノール発酵は広く使われています。最近ではアセトン・ブタノール発酵技術も開発されています。

種々の細菌の作用により生ごみ、下水汚泥および家畜糞尿など水分量が多いバイオマスが段階的に分解され、最終的にメタンと二酸化炭素が生成されます。メタン発酵で発生するバイオガス中のメタンの濃度は条件によって異なりますが、五五～六五％程度です。

お酒は、米や里芋等の食料品からエタノール発酵で作られたエタノールです。お酒のエタノールは濃度が低いですが、車の燃料用バイオエタノールは九九・五％以上の濃度が必要です。また、食料との競合を避けるため、バイオエタノールの製造原料は草や木材などのバイオマスから製造する方法も開発されています。

実用化に向けた取り組み

北日本新エネルギー研究所は寒冷地という地域の特徴を活かした持続可能な高効率のバイオマスエネルギーシステムの構築を目指して三つの重点課題を抽出し、中長期計画を策定して取り組んでいます。①青森地域のバイオマス賦存量と利用可能量の評価、②高効率なバイオマスエネルギー変換技術（特に低温触媒ガス化技術と高品質バイオオイルの製造技術の確立）、③バイオマス高度利用に関する地域実証モデル事業の提案と実施。

(1)　青森県未利用バイオマスの地域特性評価

青森県では林業、農業と畜産業が盛んであり、利用可能なバイオマスが多く発生しています。特に、リンゴ剪定枝とリンゴ搾りかすなど青森県特有のバイオマス資源が存在しています。また、多くの休耕田を用いた資源作物栽培の可能性も有しています。青森県のバイオマス資源量を調査した結果、バイオマス資源の賦存量は総エネルギー需要量の約一四％、利用可能量は総エネルギー需要量の約五・五％を占めています。特に、熱として利用する場合、バイオマスから供給できる熱はその需要量の二倍程度あります。したがって、バイオマスエネルギーの普及は青森県の産業振興に大きく寄与するものと期待されています。

(2) 次世代バイオマスエネルギー変換技術の開発

北日本新エネルギー研究所ではバイオマスエネルギーを効率的に変換するために、新型小型バイオマスガス化炉、低温触媒水蒸気ガス化技術や低コスト・高性能のタール改質用触媒、バイオ液体燃料のアップグレード技術等の革新的な次世代バイオマスエネルギー変換技術を開発しています。

これまでのバイオマスのガス化は無触媒・高温（一〇〇〇℃以上）で行われているケースが多く、エネルギー効率は高くありませんでした。ガス化反応温度を顕著に低温化させ、エネルギー効率を劇的に向上させるために、高性能かつ低コスト触媒の開発が求められている他、バイオマスガス化により生成したタール分も改質し高品質な合成ガスを製造する技術が注目されています。

そこで、私たちの研究所では、タールを素早く吸収して高効率に燃料ガスへ変換させるため、青森県で大量に廃棄されているホタテ貝殻に着目、これの表面に鉄やニッケル、銅などの金属を担持*させることで、タールを低温で燃料ガスに変換することに成功しました。更に、焼成した貝殻の表面に**図4-3**のようなポンポン状鉄

担持（たんじ）
触媒として利用する金属（例えば鉄）の微粒子を土台（担体）に付着させること。

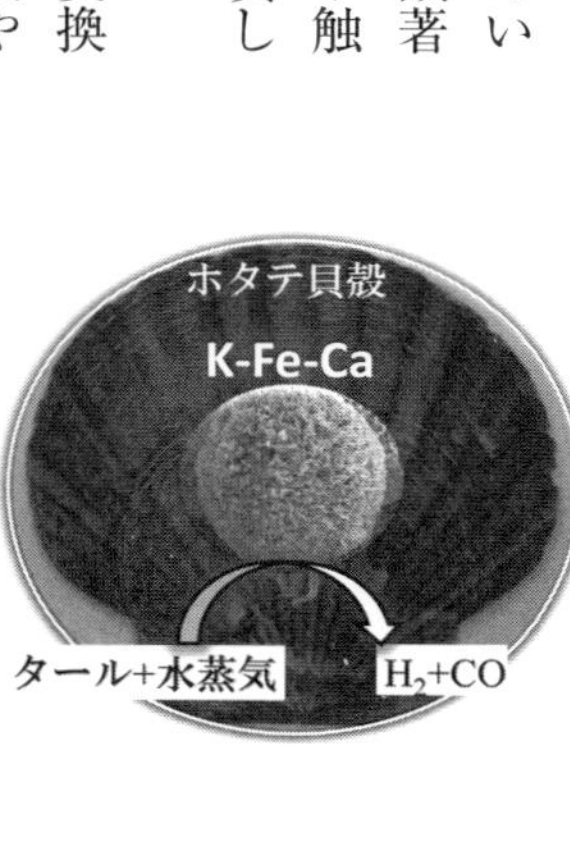

図4-3　ホタテ貝殻に由来するポンポン状鉄基触媒を用いたタール改質反応（文献3より転載）

基触媒を合成する方法を発見し、これまでよりもさらに高い活性を持つタール改質用触媒を開発しました。[3] また、鉱物である苦灰石やバイオマス由来のチャーなどの低コストの触媒を開発し、バイオマス由来タールの高効率改質も実現しました。

バイオマス資源は小規模に賦存し分散している場合が多いため、収集・輸送などでの高コスト化が指摘されます。これに対して収集・輸送が不要な小規模分散型ガス化システムの開発を目的とし、ホタテ貝殻等触媒を利用した小型バイオマスガス化炉も開発しています。

これからは、今までの技術の実用化のほか、バイオマス資源を最大限活用することを目指し、熱化学変換技術を中心とした低エネルギー消費・低環境負荷の変換技術により、バイオマス残渣からプラットフォームとなる化学品、高品質バイオ液体燃料とナノセルロース等バイオマス由来材料の高効率な製造を実現することも目標としています。

バイオマスエネルギーの展望

東日本大震災後、他の再生可能エネルギー同様、バイオマスエネルギー利用が活発に研究されてきましたが、石油価格の低落傾向が続くと関心が薄れる傾向があります。しかし、地球上の化石資源はいつか必ずなくなることが確実であり、化石燃料の消費は地球温暖化の要因の一つでもあります。エネルギーセキュリティと地球温暖化対策のオプションの一つとして、バイオマスのエネルギー利用が挙げられます。特に、バイオマス資源は唯一の循環エネルギー資源と言え、ほかの再生可能エネルギーと違い、バイオマスが成長するとき、二酸化炭素を固定でき、排出抑制にも貢献できます。

現在、日本の陸地バイオマス資源は一次エネルギー供給の五％しかありませんが、海洋バイオマスを利用することができれば、全一次エネルギーを供給することもできると考えられます。最近、遺伝子改良により高成長エネルギー植物を作り出すことが可能になりました。また、微細藻類（Microalgae）など、増殖速度が速く、農地利用と競合しない次世代バイオマスを利用した石油代替燃料等の製造技術の開発も盛んです。バイオマスエネルギーの高度技術の進歩と普及に伴い、現在まだ技術的・経済的に利用が考えられないバイオマス資源や新しいエネルギー植物などを最大限に有効利用できれば、ほかの再生可能エネルギーと共に未来のエネルギー、環境および経済成長問題をすべて解決することも夢ではありません。

（官　国清）

参考文献

1　松村幸彦『太陽の恵みバイオマス』コロナ社、二〇〇八年
2　横山伸也・芋生憲司『バイオマスエネルギー』森北出版株式会社、二〇〇九年
3　G. Guan, M. Kaewpanha, X. Hao, A. Zhu, Y. Kasai, S. Kakuta, K. Kusakabe, A. Abudula "Steam reforming of tar derived from lignin over pompom-like potassium-promoted iron-based catalysts formed on calcined scallop shell", *Bioresource Technology*, vol.139, 2013, pp.280-284

第五章　地熱エネルギー

地熱発電とは

地熱発電は全ての自然エネルギーと同様に、土着性の（indigenous）エネルギーであり、純国産エネルギーです。つまり、エネルギー安全保障の点からも安心安全なエネルギーです。地熱資源は自然エネルギー資源の中でもとくに、火山国日本の誇る豊富な純国産エネルギー資源と言えます。活火山の数からみても、高温熱水系資源量からみても、我が国は米国、インドネシアに次いで、世界第三位の地熱資源大国と推定されます。[1] 自然エネルギーによる発電は一般に昼夜や天候や季節によって変動します。これは自然エネルギーの多くが太陽や気象に依存しているからです。ところが、地熱発電は地下エネルギー資源であるために、太陽や気象にほとんど依存せず、自然エネルギーの中では、二四時間休みなく働く数少ない安定電源となっています。これが地熱発電のもつ最大の強みです。多数の地熱発電所が一挙に開発されたとしても、安定電源のため、系統連系*に支障をきたしません。

それでは地熱発電は完全無欠なのでしょうか？　もちろん、そんなことはありません。自然エネルギーの中で地熱資源のみが、唯一の地下資源です。そのため、地熱開発の初期には、地上から見えない地下の断層や温度や透水性*を予測しなければなりません。地熱貯留層探査や開発規模予測が難しく、初期の開発リスクと開発

系統連系
　発電設備を電力会社の送配電系統に接続するにあたり、電圧や周波数や供給信頼度などの電力品質を適切に維持して運用すること。

透水性
　水が岩石や土壌やコンクリートなどの内部を圧力差によって移動するときの、移動しやすさのこと。

コストが大きいという問題点を抱えています。中でも、掘削には巨額の費用が掛かります。地熱井*の掘削には高温に耐える高価な材料と暴噴《ぼうふん》を抑止しながら掘り進む特殊な技術が必要なことから、深度一五〇〇メートル級の掘削で約三億円、深度二〇〇〇メートル級の掘削で約五億円、深度三〇〇〇メートル級の掘削で約九億円も費用が掛かります。しかし、岩手県にある我が国最古の松川地熱発電所は一九六六年の運転開始以来、半世紀も運転され続けています。つまり、地熱発電は初期の開発が難しいものの、一度適正な規模で開発すると、環境負荷が小さく、安定電源であることに加えて、半永久的な利用が約束されます。

地熱発電の特徴を理解するために、まず、火力発電と比較してみましょう。火力発電は石炭や石油や天然ガスなどの化石燃料をボイラーで燃焼させ、この熱で水を水蒸気に変え、水蒸気でタービンを回して発電します（**図5-1**）。このとき、タービンの入口と出口の圧力差が大きいほど、タービンの回転効率が向上します。そのため、入口側から水蒸気でタービンの羽根を押して回すだけではなく、出口側で水蒸気を冷却水で冷却し、再び熱水の状態に凝縮させて、低圧状態をつくり出します。つまり、出口側からタービンを吸引して回転効率を向上させます。この冷却装置のことを復水器と呼びます（**図5-1**）。復水器を省略した背圧式タービンと呼ばれる、水蒸気でタービンの羽根を押すだけの簡易型発電も可能です。しかし、発電効率は十分の一程度になってしまいます。このことからも、復水器の役割の大きさがわかります。

地熱発電を最も簡単に表現すれば、火力発電におけるボイラーの役割を、地下の

地熱井
地熱調査や地熱開発のために掘削された坑井のこと。事前調査のための地熱調査井、地熱発電に使う地熱生産井や、分離熱水を地下に戻す地熱還元井などがあります。

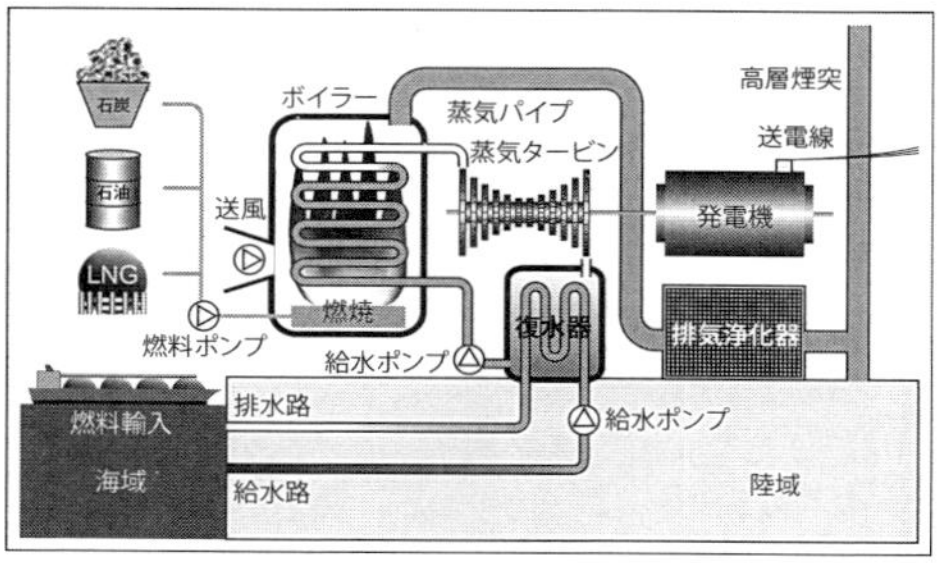

図5-1　火力発電概念図

坑井
地下の地層をくりぬいて穴にした井戸のこと。仕上げにケーシングという鋼管をセメントで固めて、坑壁崩壊を防いだりします。

天然の地熱系に担わせる発電方式のことと言えるでしょう（図5-2）。熱源として火山の地下の、六七〇～一二〇〇℃もの温度をもつマグマや、その高温固結物である貫入岩体を、間接的に利用します。これは火山国のみに許された貴重なエネルギー資源です。この熱源の近くに地下水の通りやすい断層などがありますと、地下水が加熱されて、地熱貯留層が形成されます（図5-2）。この地熱貯留層では、上部に累積する岩石の荷重によって大きな圧力を受けていますので、地下水は二〇〇℃以上であっても、多くの場合、水蒸気ではなく、熱水の状態で存在しています。この地熱貯留層に、掘削を的中させると、圧力が一挙に解放されて、*坑井内で沸騰が起こり、ポンプで汲み上げなくとも、熱水と水蒸気の混じり合った*二相流体が坑口まで噴出してくれます。その量が十分に多ければ、*地熱生産井を確保したことになりますので、地熱開発は半ば成功したことになります。二相流体から気水分離器で水蒸気のみを分離し、タービンを回して、地熱蒸気発電を行うことができます。

このように地熱発電は、水蒸気でタービンを回すという点では、火力発電とよく似ています。しかし、地熱発電は天然のボイラーを利用するために（図5-2）、火力発電に比べて多くの利点をもつことになります。まず、燃料不要で、炭化水素等の化石燃料を燃焼させないことから、二酸化炭素などの地球温室効果ガスをごくわずかしか排出しません。つまり、地球環境負荷が小さく、後の世代に環境上の負荷をわずかしか残しません。これこそが地球環境時代のエネルギーの第一条件でしょう。

図5-2　地熱発電概念図

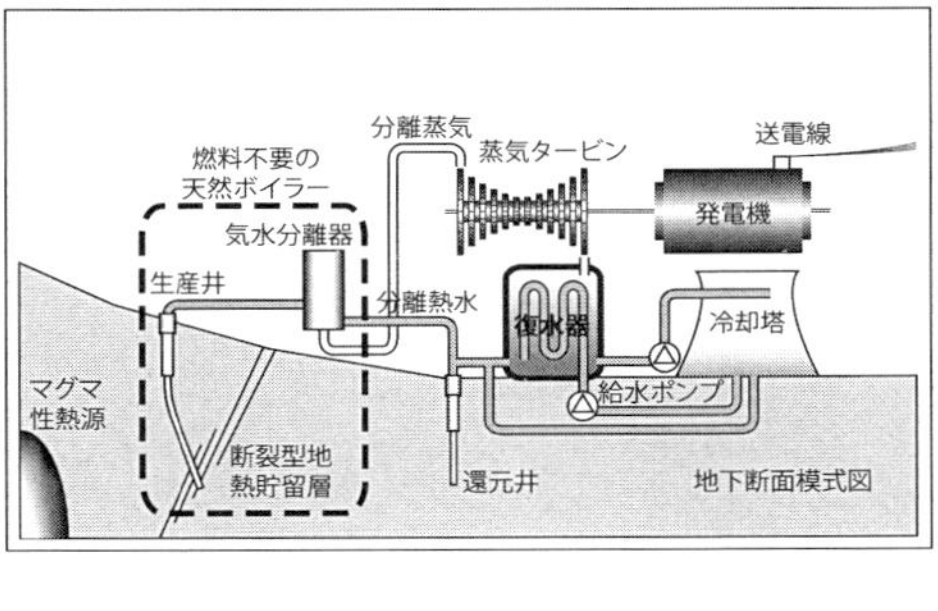

二相流体
液体と気体が混じり合った流体のこと。地熱井の場合、地下では被圧されて熱水であったものが、掘削により圧力解放されて沸騰し、熱水・水蒸気の二相流体となって坑口まで自噴します。

地熱生産井
水蒸気等が自噴する地熱井のうち、十分な蒸気量と圧力をもつことから、地熱発電に使用されている地熱井のこと。

北日本地熱立国論

東日本大震災直後の二〇一二年度の冬は北日本が記録的な豪雪に見舞われました。その年度の除雪経費は、青森市が四一億円、弘前市が二〇億円に達したそうです。もちろん、各家庭の暖房費が一挙に膨らんだことは言うまでもありません。豪雪地帯の冬は鉛色の空に覆われ、精神的にも憂鬱になりがちです。しかし、豪雪ゆえの様々な経済的負担は人々にもっと重くのしかかってくるのです。豪雪地帯に生まれた若者が南に憧れ、南の大都市に職を求めることは自然な希求と言えるでしょう。そして、それが北日本の少子高齢化を加速し、地方消滅を加速しているのです。北日本では、この流れを変えることこそが、地方創生の核心部分と言わなければなりません。

私たちが二〇〇八年に全国の地熱資源分布を調べたとき、北日本の豪雪地帯と熱水系資源の分布がよく一致していることに驚かされました（**図5-3**[2,3]）。地熱資源が豊富であれば、地熱蒸気発電を行うことができます。しかし、それだけではなく、このとき、大量の高温熱水が分離されます。この分離熱水の量は地熱貯留層の温度圧力状態によって地域差があります。しかし、これを大まか

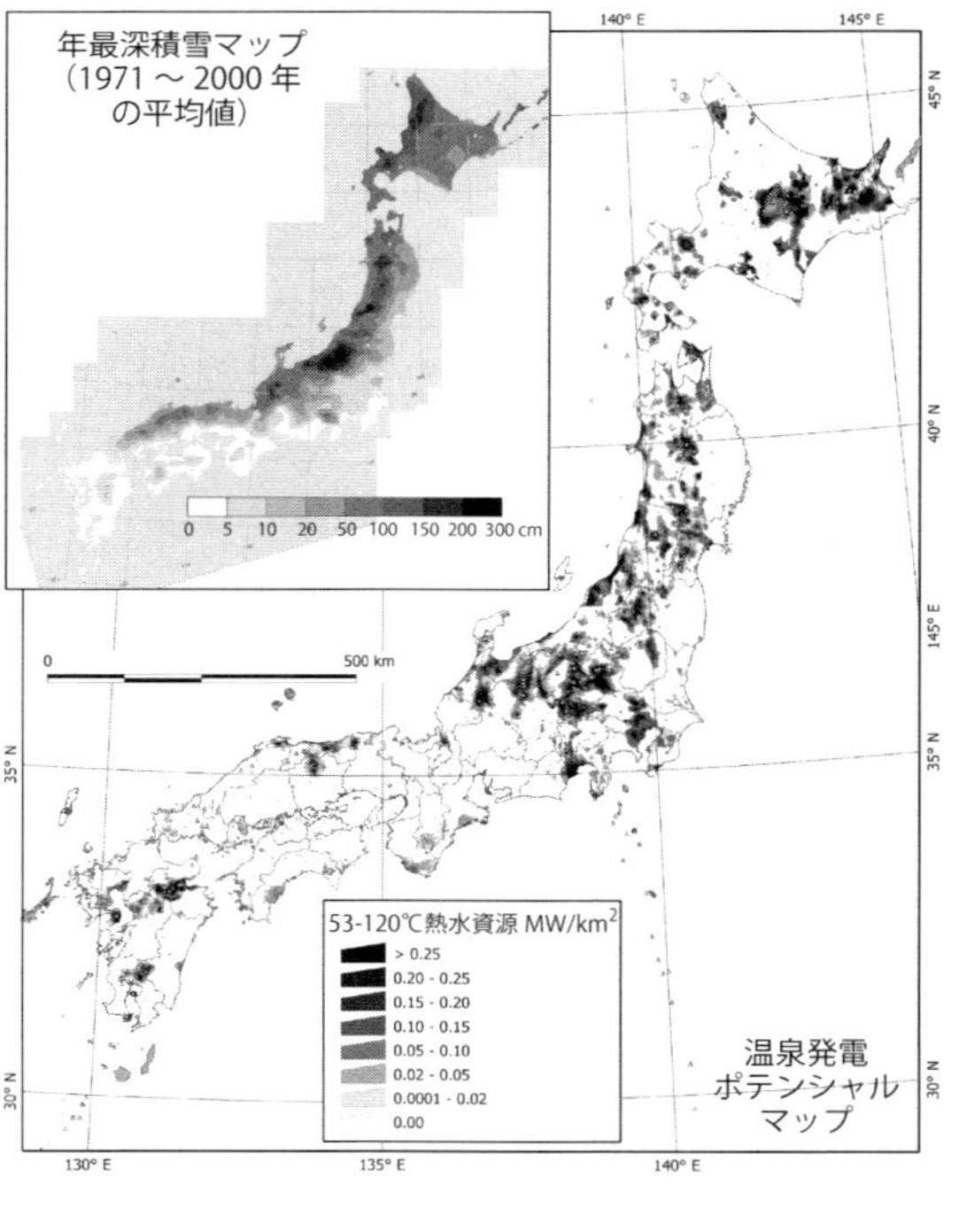

図5-3　豪雪地帯と低温熱水系資源の分布の類似性
（年間最深雪マップは2、温泉発電ポテンシャルマップは3から転載）

に平均すれば、一万キロワット級地熱発電所で毎時約一九一トン、五万キロワット級地熱発電所で毎時約九五五トンの熱水が分離されます（図5-4）[4,5]。その熱水の温度は気水分離器出口の温度の一八五℃程度から、少し低くなったとしても九二℃以上の高温を維持しています。

通常はこの高温熱水が直ちに還元井から地下に還元されます（図5-2）。しかし、北日本では暖房や融雪など、多くの熱が必要とされていますので、これは大変もったいないことのように思われます。この熱水の熱を真水に熱交換して、バイナリー発電*、給湯、暖房、冬季栽培、浴用利用、融雪等、多くの熱需要に利用することができるのではないでしょうか。北日本では地熱発電所を頂点として、一単位の熱水資源を様々な温度ごとに、何重にも利用することができるでしょう。一単位の熱水を何重にも利用することは、事業の経済的採算性を向上させることにもなります（図5-5）。また、地域の産業興しと雇用創出の機会を広げ、地方創生に寄与します。私はこのような北日本における地熱を利用した地方創生の可能性のことを、北日本地熱立国論と呼んでいます。

寒冷地の地熱利用先進国アイスランド

北日本地熱立国論は必ずしも絵空事ではありません。アイスランドというお手本があるからです。アイスランドは人口わずか三三万人の国です。アイスランドは高緯度に位置し、冬はブリザードが吹き荒れ、簡単にマイナス二〇℃以下になります。この国では暖房こそが生命線です。アイスランドは海洋プレー

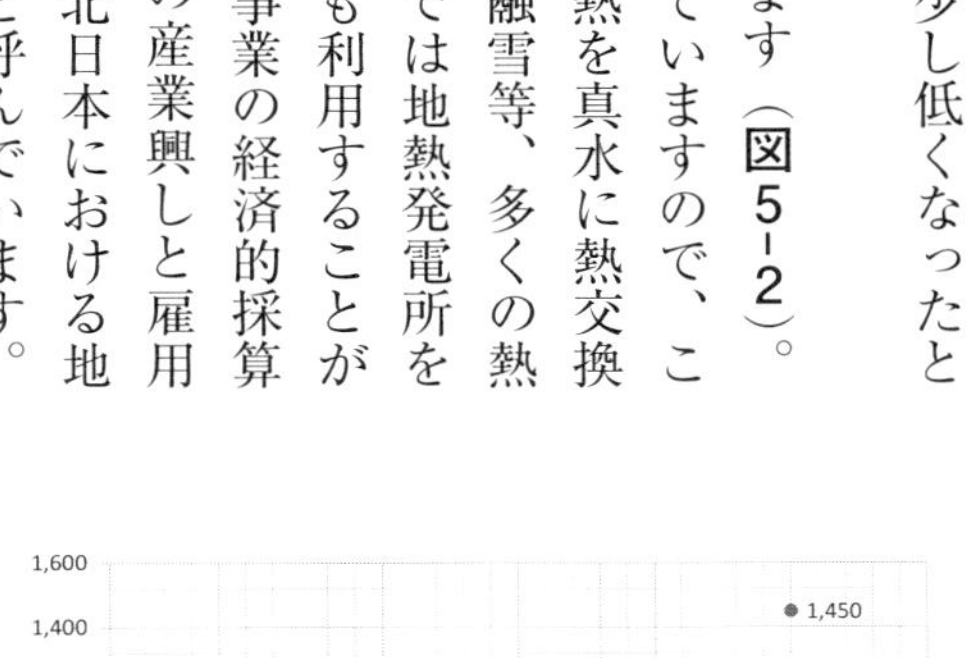

図5-4　日本の地熱発電所の分離熱水量（4から転載）

バイナリー発電
バイナリーサイクル発電の略。坑井内で沸騰しにくい、やや低温の熱水資源の熱を炭化水素や代替フロン等の低沸点媒体に伝え、その蒸気でタービンを回して行う発電方式のこと。

トの湧き出し口である大西洋中央海嶺に位置する国ですので、国全体が新旧の玄武岩の火山から成っています。玄武岩マグマは高温を特徴とし、この国は地熱の熱源に恵まれています。加えて、この国は大西洋中央海嶺に位置していますので、地殻は年間三センチずつ、東西に広がりつつあります。そのため、地熱貯留層をつくりやすい正断層系*の存在にも事欠きません。この国の地熱資源が、三三万人の人々の必要とするエネルギーを賄って余りあることは想像に難くないでしょう。

アイスランドの人口の約三分の二は首都レイキャビクに住んでおり、一九三〇年頃には石炭暖房を行っていました。そのため、レイキャビクの街は煤煙だらけでした。しかし、彼らはその頃から地熱資源の利用価値に気づき、熱水暖房の開発に着手しました。彼らはその後、地熱発電にも乗り出し、見事に地熱エネルギーへのパラダイム転換を果たしました。人口三三万人の国が二〇〇八年に日本の地熱発電設備容量を抜き、そして、二〇一三年現在、六六・三万キロワットの地熱発電の開発を実現しました。[6] また、これらの地熱発電所や独自の熱水井から各家庭に熱水を給湯しており、全家庭の九〇％以上が地熱熱水暖房の恩恵に浴しています。二〇〇六年に運転を開始した最新のヘトリスヘイジ地熱発電所の仕組みを見てみましょう（**図5-6**）[7]。この地熱発電所には設計段階から発電だけでなく、熱水給湯が織り込まれています。この図によれば、水蒸気を抽出した残りの分離熱水については直ちに地下に還元しています。その理由は地熱貯留層の持続性維持のためと、分離熱水に含まれる沈殿成分を避けるためでしょう。その代わりに地下水井から真水を高圧タービンの復水器まで運んできて、冷却水として使っています。この真水が冷却水

図5-5　地熱資源の多段利用（温度の落差を河川の滝として表現）

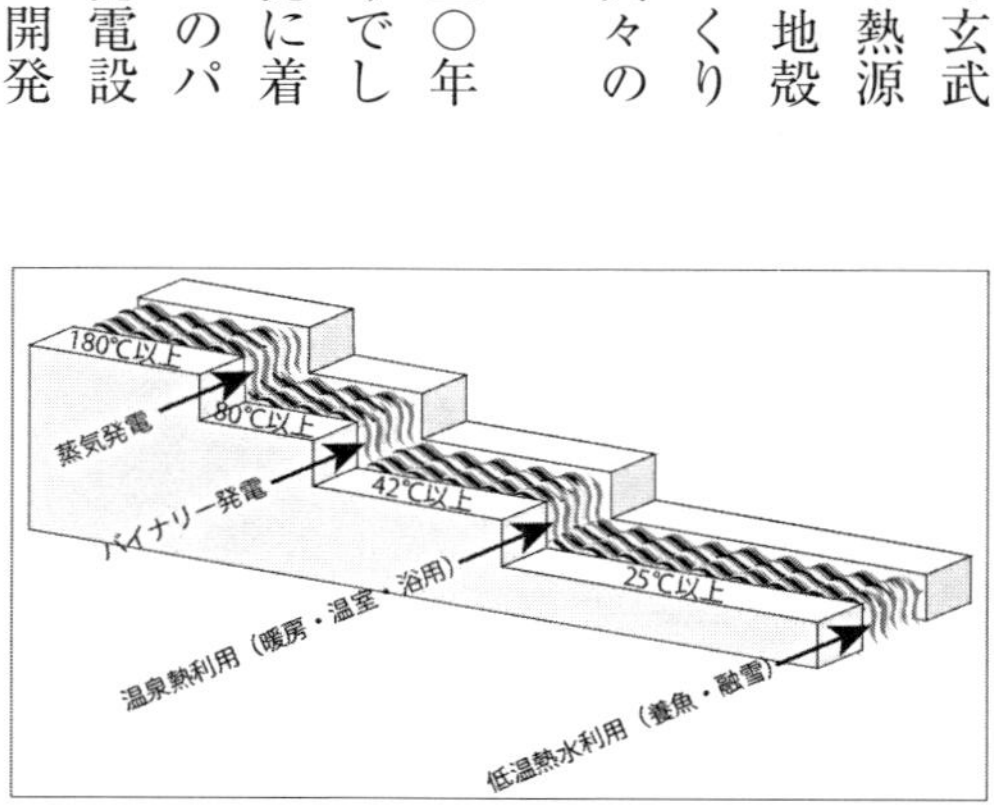

正断層系
鉛直圧縮応力（岩石の荷重圧）が最も大きく、水平圧縮応力がそれよりも小さい条件下で形成される断層グループのこと。正断層系は水平圧縮応力が小さい条件下で形成されるため、一般に透水性の維持にも有利です。

の役割を果たし、九〇℃以上になります。これから腐食の原因となる遊離酸素を除去した上で、各家庭に給湯しています。この給湯方式はアイスランドが経験の中から編み出した一つのノウハウと言えるでしょう。

アイスランドの地熱利用はそれだけにとどまりません。三三万人の人々に、果たして六六・三万キロワットもの地熱発電設備が必要でしょうか。日本の家庭で使われる一人当たりの電力消費量は二〇一三年の統計で年間約二、二三七キロワット時です。[8] そのため、設備利用率が〇・七に達する地熱発電の場合、一人当たりの家庭生活には、〇・三二キロワット程度の発電設備容量があれば十分です。ということは、〇・三二キロワット×三三万人ですから、一般的な家庭生活には一〇・六万キロワットの地熱発電設備があれば十分です。しかし、アイスランドでは地熱発電だけでも六六・三万キロワットですから、家庭需要の六倍以上も発電していることになります。水力発電を合わせれば、さらに発電過剰です。たとえば、二〇一三年の統計によれば、世界各国の工場などの電力も含めた一人当たりの電力消費量は、アイスランドが圧倒的な一位で年間五一、〇二五キロワット時です。[9] 二位のノルウェーがこの半分以下の二三、五三八キロワット時ですから、アイスランドがいかに突出しているかがわかるでしょう。省エネルギー国、日本は二五位で六、七五〇キロワット時です。アイスランド

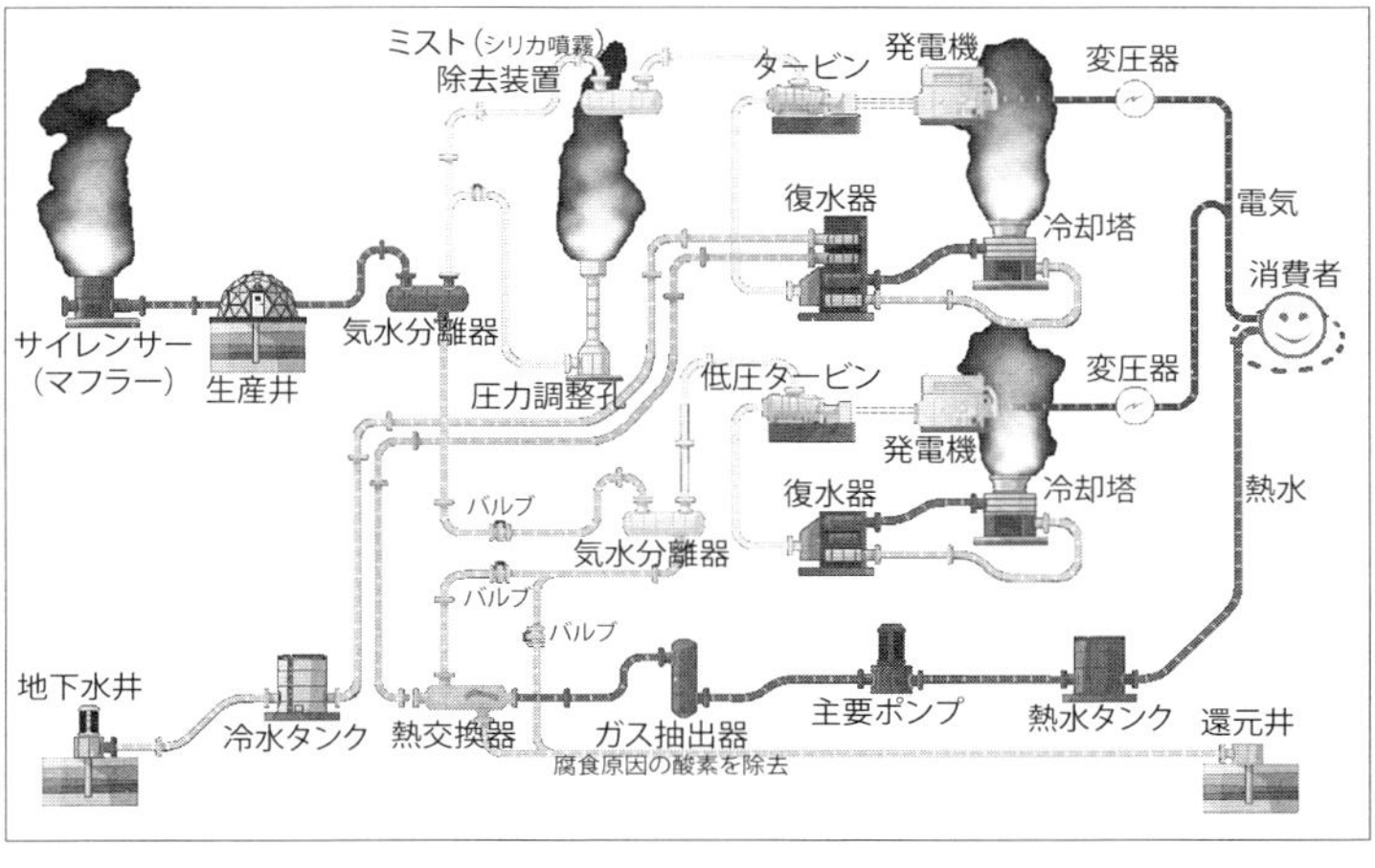

図５-６　ヘトリスヘイジ地熱発電所の熱水給湯方式（7を改変・日本語化）

人は日本人の七・六倍も電力を消費していることがわかります。実はアイスランドでは家庭需要以外の大量の電力が、アルミニウムの精錬に使われています。アイスランドはこのアルミニウムを輸出することによって、高い経済水準を維持しているのです。二〇一四年の一人当たり名目GDPは、アイスランドが世界第一二位（五二、三一五米ドル）で、世界第二七位（三六、二二二米ドル）の我が国をはるかに上回っています。[10] 人口わずか三三万人のアイスランドが厳寒の気候にも負けず、一種の地熱ユートピアをつくっていること、そして、そのことによって高い経済水準を維持していることについて、同じ火山国の私たちはもっと学ぶべきではないでしょうか。

青森県の地熱開発の成功に向けて

青森県下では、これまでにNEDO（特殊法人新エネルギー総合開発機構、後に、国立研究開発法人新エネルギー・産業技術総合開発機構と改称）の地熱開発促進調査が四地域で実施され、合計二五坑の地熱調査井が掘削されました。[11] 中には、ヒートホールと呼ばれる温度測定だけが目的で掘られた浅い坑井も含まれています。そこで、深度一五〇〇メートルを超える本格的な地熱調査井に限定しても、合計一〇坑の地熱調査井が掘削されています。しかし、まだ、開発に結びつくほどの成果が上がっていません。その最大の理由は最高二三六℃と温度がやや低いことに加えて、いずれの地熱調査井も透水性が低いことが挙げられます。そのため、青森県にはまだ、地熱発電所が建設されていません。

しかし、地熱資源は青森県のような豪雪地帯にこそ、利用価値があります。陸域であればどこでも、一キロメートル掘削すれば三〇℃程度は温度が上昇します。ドイツは火山や高温の地熱資源に恵まれていないにもかかわらず、地温勾配だけを頼りに、深度三キロメートル以上も掘削して、四つの中小規模のバイナリー地熱発電所をつくっています。この努力を考えるならば、県内に三つもの火山群をもち、はるかに恵まれた青森県が、簡単に地熱開発を諦めるべきではありません。東日本大震災後、青森県下ではＪＯＧＭＥＣ（独立行政法人石油天然ガス・金属鉱物資源機構）の地熱資源開発調査が五地点で行われており、再び地熱開発の気運が盛り上がっています。地熱探査初期のリスクは決して小さくありません。しかし、この努力を続けていく限り、いずれ青森県に第一号の地熱発電所が実現することは間違いないでしょう。そして、それは地熱ユートピアの始まりなのです。

（村岡洋文）

参考文献

1　村岡洋文「世界と日本の地熱発電開発の現状と将来」『燃料電池』九巻、一号、二〇〇九年、一二一-一二七頁
2　気象庁、メッシュ平年値図「最深積雪」（オンライン）
3　村岡洋文・大里和己「温泉発電」『日本地熱学会「地熱発電と温泉利用との共生を目指して」』二〇一〇年、二六-三三頁
4　村岡洋文・井岡聖一郎・三上綾子・鈴木陽大・加藤和貴「豪雪地帯における地熱カスケード利用モデルのエクセルギー分析」『日本地熱学会平成25年度学術講演会講演要旨集』二〇一三年、Ａ一四頁
5　社団法人日本地熱調査会『わが国の地熱発電所設備要覧』二五四頁、二〇〇〇年
6　Jonas Ketilsson and Erna Rós Bragadóttir, Chapter 13-Iceland, *IEA-GIA Annual Report*, 2014, pp. 76-81
7　Hellisheiði Geothermal Plant Production Cycle (Online)

8 総務省統計局「日本統計年鑑平成28年」(オンライン)
9 CIA, World Factbook 2013(Online)
10 IMF, World Economic Outlook Databases(Online)
11 一般社団法人火力原子力発電技術協会『地熱発電の現状と動向 二〇一五年』一二五頁、二〇一六年

第六章　地中熱利用

地中熱を利用する意義とは

夏の暑いときに室内を涼しくするため、また冬の寒いときに室内を暖かくするために日常的に私たちが使用するルームエアコン（ヒートポンプ）では、大気と室内の間で熱の移動が行われています。この熱の移動は、夏の大都市において室内から屋外への高温の排熱をもたらしヒートアイランド現象を引き起こす場合があります。それに対して、地中（地面の下）と室内との間で熱のやりとりを行う方法もあり、本章ではそのひとつである地中熱ヒートポンプシステムを取りあげます。なお、地中熱利用には前述したヒートポンプシステム以外に空気循環、熱伝導、水循環、ヒートパイプなどがあります。また、ここで取り上げる地中熱の地中は深さ二〇〇メートルくらいまでを指しています[1]。

私たちが生活を営んでいる地面の下（地盤）は、固相、気相、液相の三相からなり、固相の土壌、未固結堆積物、岩石などの隙間に土壌空気や地下水が充填されて構成されています。大都市が立地している関東平野、濃尾平野、大阪平野をはじめ、日本の平野の多くでは、深さ数メートル以内に地下水が賦存しています。そのため、日本における地中熱利用は地盤の固相・液相中の熱を利用していることになります。

地中の表層（深さ二〇メートルくらい）の温度（ここでは固相の地温と液相の地下水の温度が平衡状態であると考えています）は、太陽からの正味放射（地面が受け取るすべての放射の積算値）が地面を通過して深層に伝えられたものです。そのため、地中の温度も深さ二〇メールくらいまで気温と同じように季節変化を示します（季節変化を示す深さは、地域によって異なり、深さ一〇メートルで温度が季節変化を示さず一年を通して安定している地域もあります）。地中の温度が変化しなくなる深さを恒温層と呼びます。日本では恒温層の温度は、その地域の平均気温より一℃から三℃ほど高い値を示します。[2] 恒温層より深くなると日本ではおよそ一〇〇メートル深くなるにつれて温度が二℃から三℃上昇します（ただし、火山や温泉地域はこの地中の温度上昇率は当てはまりません。もっと温度上昇率が大きくなります）。

青森市の勝田緑地で深さ一〇メートルの井戸を設置して、地下水の温度を深さ一メートル間隔で観測しました。その結果、深さ一〇メートルで温度の季節変化がほぼ認められなくなり、その温度は約一二・五℃を示しました（**図6-1**）。深くなるにつれ温度の季節変化が小さくなることがわかります。観測期間における青森市の平均気温は約一一・二℃でした。

地中熱利用が効率が良い理由はヒートポンプの仕組みを理解するとわかります。大気の熱を利用しているヒートポンプ（ルームエアコン）と地中熱を利用するヒートポンプの違いと、地中熱の利用を試みる意義について説明します。**図6-1**に示したように、地下の温度は、恒温層になると季節変化を示さなくなります。一方、気温には大きな季節変化があります。図6-2は、青森市の平均気温と図6-1に示した深さ二メートル、一〇メートルの地下水の温度です。青森市では、冬（一月）と夏（八月）それぞれ気温と深さ一〇メートルの地下水温には約一〇℃以上の温度差が認められます。この温度差が、大気ではなく地中の熱を利用する優位性の根拠です。この優位性を説明するには、ヒートポンプについての理解が必要です。

ヒートポンプとは、その文字が示しているように熱を移動させる（汲み上げる）装置です。ヒートポンプは、低温低圧で蒸発する媒体を「蒸発」「圧縮」「凝縮」「膨張」の過程を経て熱を移動させます（図6-3）。例えば、冬に部屋を暖める場合

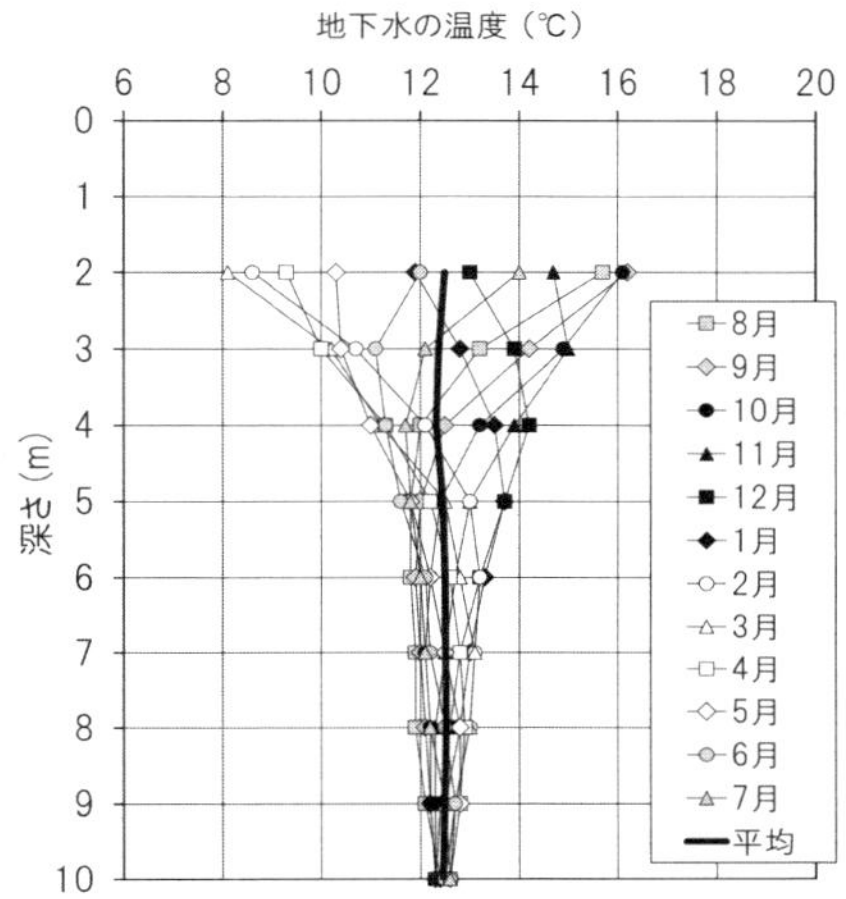

図6-1　地下水温度の深度分布（2015年8月～2016年7月）

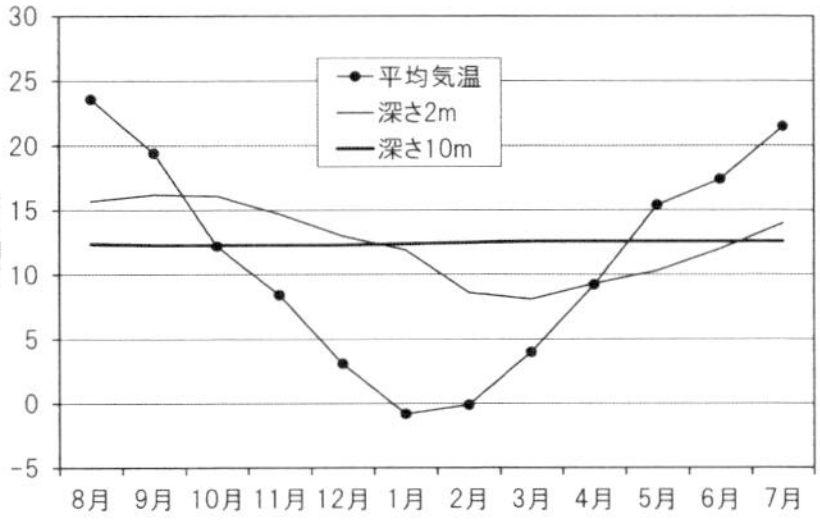

図6-2　気温と地下水温の月変化（2015年8月～2016年7月）

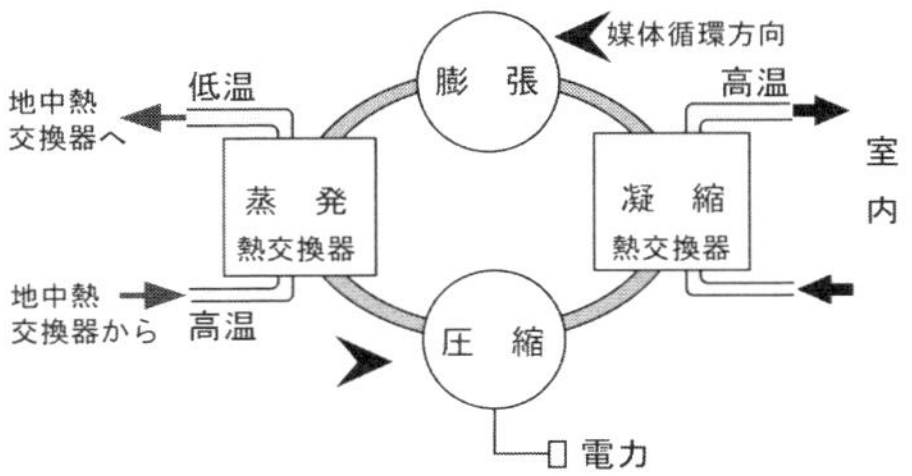

図6-3　室内暖房時におけるヒートポンプ（3より改変して転載）

を想定しましょう。冬、部屋の温度を約二二℃にしたい場合、大気の熱を利用すると二〇℃程温度を上げる必要がありますが、地中熱を使用すると一〇℃程温度を上げるだけで済みます。温度を上げるには先程の過程の中で電気を使用します。そのとき温度の上げ幅が小さいほど電気の使用量が少なくなることから大気より地中熱を使用する方が省エネ対策になります。この点が、大気ではなく地中の熱を利用するメリットです。

地中の熱交換方法

地中熱ヒートポンプシステムには、地中の熱を利用する際に間接方式と直膨方式と呼ばれる二種類がありますが、日本では直膨方式は普及が進んでいないことから、ここでは間接方式について説明します。

地中熱ヒートポンプシステムの間接方式にはオープンループとクローズドループがあります（**図6-4**）。オープンループとは、地中の熱の交換媒体として地下水を直接利用するものです。そのため、地下水を揚水するための井戸（揚水井）が必要です。また、地下水の汲み上げ過ぎによる地盤沈下を防ぐために、汲み上げて熱交換を終えた地下水を地下に戻すための井戸（還元井）が必要になる場合があります。さらに、地域によっては地下水の揚水規制があると、オープンループにより地中熱を利用できない場合もあります。

一方、クローズドループは、地盤を掘削して地中熱交換器を地下に挿入する必要があります。クローズドループでは地中熱交換器を通じて地下で熱の移動が行われ

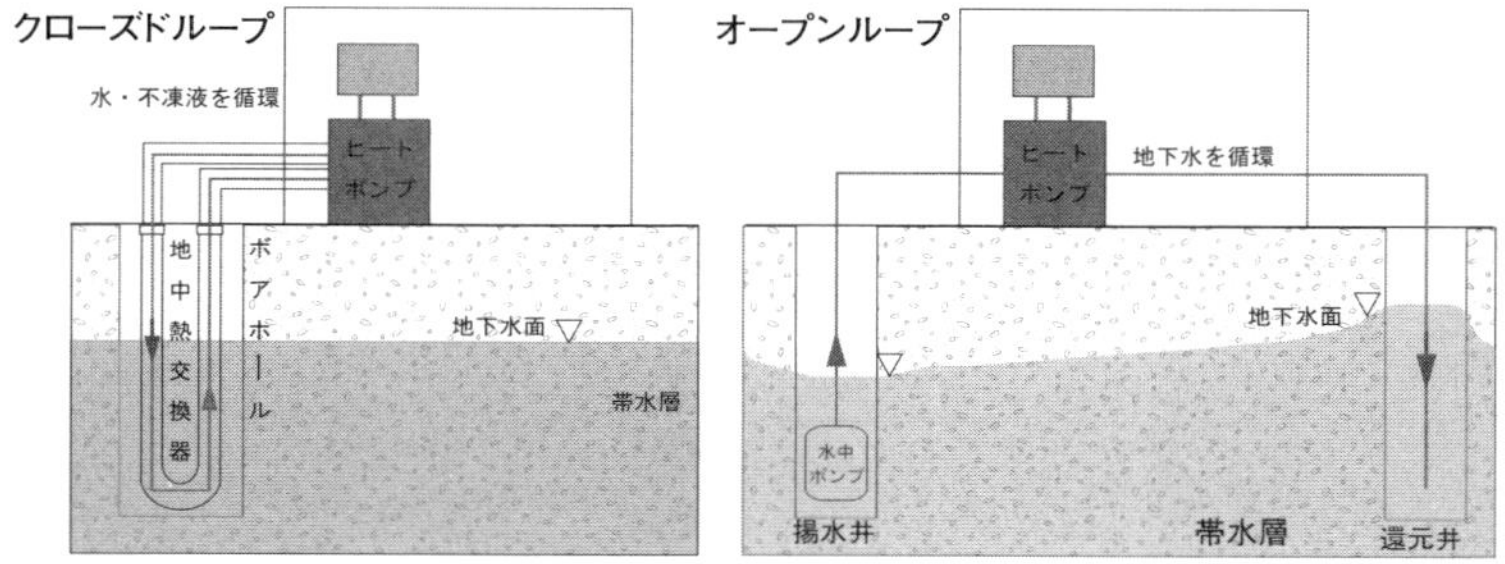

図6-4　地中熱ヒートポンプシステム（1より改変して転載）

ます。この地中熱交換器の埋設方法には垂直埋設型や水平埋設型があります。垂直埋設型にはボアホールや杭を利用したものがあり、**図6-4**には垂直埋設型のボアホール内に高密度ポリエチレン（PE100）製のシングルUチューブを地中熱交換器として挿入したものを示しています。地中熱交換器には様々な種類があります。[4,5,6]

地中熱利用のための地盤情報整備

地中熱ヒートポンプシステムを利用するにあたり知っておくべき地盤情報があります。

オープンループでは、地下水を揚水して利用することから、帯水層（地下水で飽和した透水性の良い地層や岩盤）からどのくらい地下水を揚水することができるのか、さらに地下水の水質の情報が必要になってきます。なぜなら、地下水は様々な物質を溶かし込んでいるため、地下水の賦存条件が揚水により変化すると管内などに沈殿物や腐食が発生し、地下水の利用に問題が起きる可能性があるからです。

地下水の水質は、どこで井戸を掘削しても同じ水質の地下水が得られるわけではなく、掘削する地点や深さによって地下水の水質は大きく異なります。現在、青森県において地下水（湧水も含む）の揚水規制がある青森市の市街地を除いて地下水の水質調査を実施しています（**図6-5**）。まだ調査研究は終了していませんが、冷凍空調器用水質

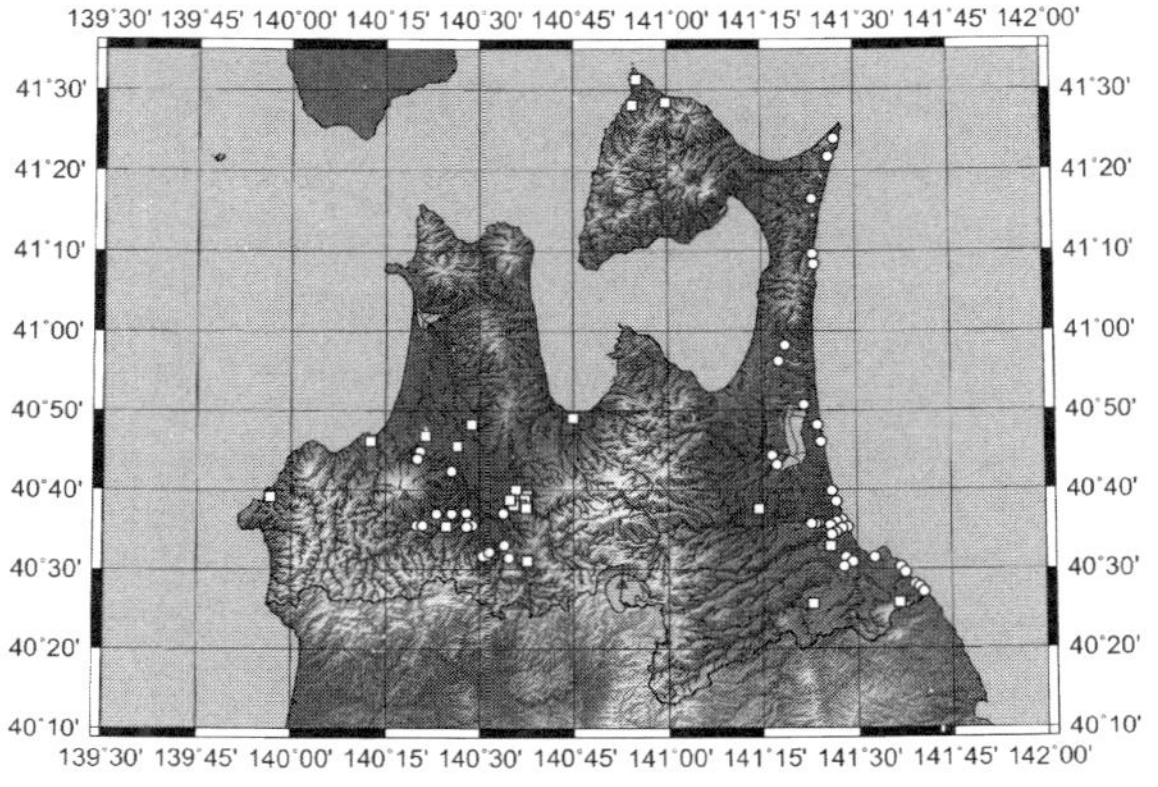

図6-5　地下水の水質調査地点（○）と地盤の見かけ熱伝導率評価のための熱応答試験実施地点（□）
（[7]より改変して転載、GMT使用[8]）

ガイドライン（冷却水系一過式）の項目を指標にすると、地下水の遊離炭酸による配管等の腐食の影響が大きい可能性が示されています。また、沈殿物の生成について、地下水の熱力学的水質解析を行った結果、非晶質シリカの沈殿に注意を払う必要があることが報告されました。[7,9] 今後、さらなる地下水の水質調査地点の拡充を図っていく必要があります。

一方、クローズドループでは、地中熱の利用は地盤の見かけ熱伝導率（地盤の有効熱伝導率と呼称される場合もある）に大きく左右されます。[4] 先に記述したように、地盤は固相、気相、液相から構成されています。特に液相の地下水は同じところに留まらずにゆっくりですが動いています。地下水の流れは、重力ポテンシャル＋圧力ポテンシャル＋速度ポテンシャル（地下水の流速が非常に遅いので速度ポテンシャルは無視されます）の和である流体ポテンシャルの高い所から低い所へ向けて起こります。したがって、地盤における熱の移動は熱伝導だけではなく強制対流や自然対流によっても起こります。地下水の動きは、様々な条件により異なることから、相対的に地下水の流れが速い地点や遅い地点があり、さらに同じ地点においても速い時期や遅い時期があります。この地下水の動きの非定常性のために、地盤の見かけ熱伝導率の評価には、現地における熱応答試験の実施が望まれています。

熱応答試験を実施するための装置一式は、**図6-6**に示しているように地盤に地中熱交換器を挿入し、地上部では地盤に熱負荷を与えるための循環媒体としての水とそれを貯めるタンク、循環媒体を温めるヒーターと循環させる循環ポンプ、循環流量を調節するための流量計、そして地中熱交換器への循環媒体の温度を出入口で

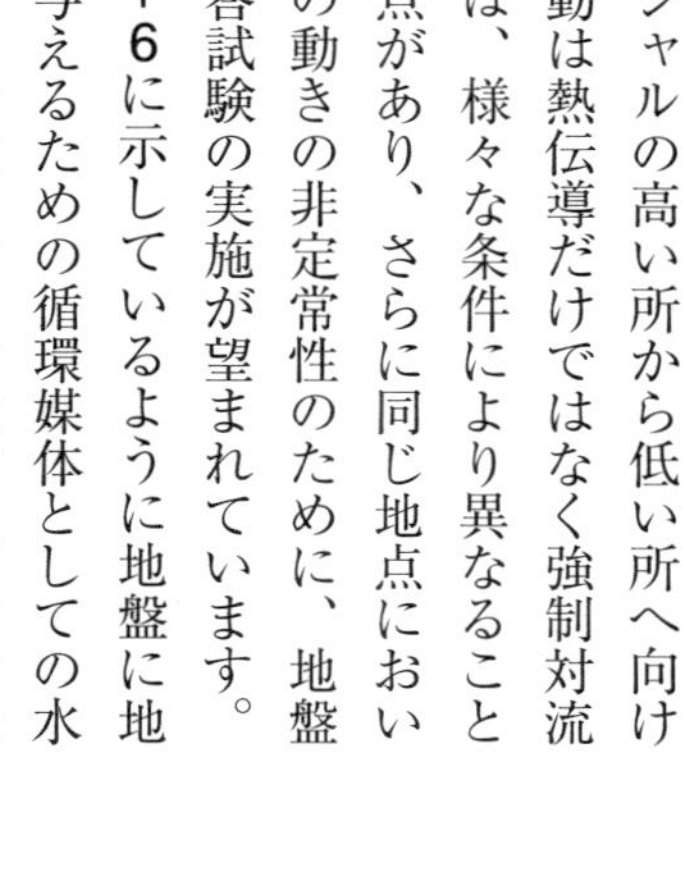

図6-6　熱応答試験装置概略図
（10より改変して転載）

計測するための温度センサー等から構成されています。

熱応答試験では、四八時間以上循環媒体に熱負荷を与え続け、そして循環媒体を地中熱交換器中に循環させます。出口における温度センサーでは、見かけ熱伝導率が高い地盤ほど、地中熱熱交換器と地盤との間の熱の移動が促され、出口温度の上昇幅が抑制されます（加熱された循環媒体の温度は、地盤の温度より高くなるので、熱は循環媒体から地盤に向けて移動します[10,11]）。

青森県では、**図6-5**に示した□地点計一三地点において深さ約五〇メートルに地中熱交換器としてUチューブを設置して熱応答試験を実施しました。その結果、得られた地盤の見かけ熱伝導率の頻度分布を**図6-7**に示します[12]。青森県では地盤の見かけ熱伝導率が一・四～一・六の範囲に入るものが多い結果になりました。最も高い地盤の見かけ熱伝導率を示した地点は、深浦町でした。その地点は、海岸沿いで近くに山が迫っている地形条件でかつ地盤は主に礫層から構成されており、透水性が良く動水勾配が大きいことから地下水の流れが活発になり、地盤の見かけ熱伝導率が高くなったものと考えられます。また、全般的に地盤が砂礫層から構成されている扇状地などで熱応答試験を実施した黒石市の浅瀬石川流域の数地点では、地盤の見かけ熱伝導率が高くなりました。これも、地下水の流れが比較的活発なためと考えられます。したがって、扇状地などの砂礫層から構成されている地盤を有する地域では、クローズドループによる地中熱ヒートポンプシステムを用いる場合、他の地域と比較して有利であると考えられます。さらに、地下水の流れが活発であるということは、オープンループを用いた場合でも有利であると考えられます。

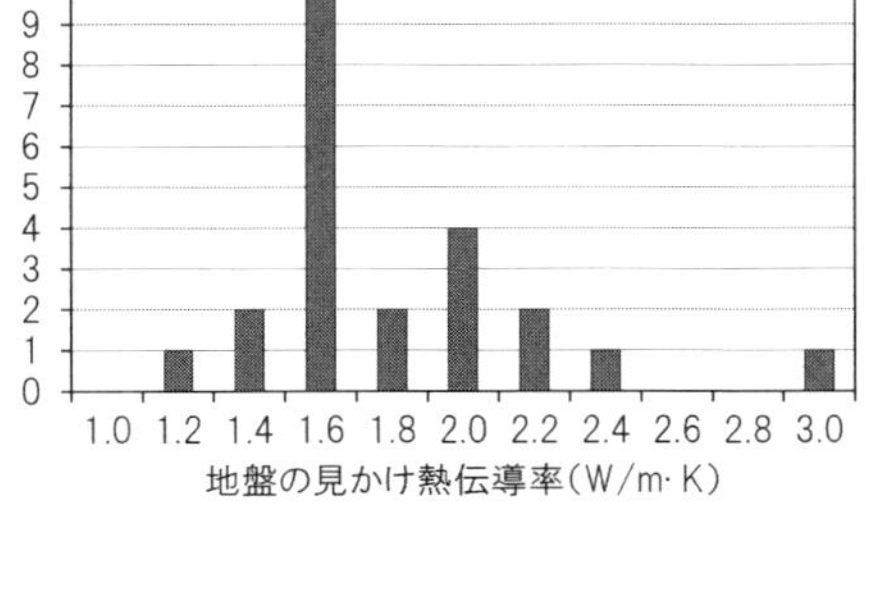

図6-7　地盤の見かけ熱伝導率の頻度分布（12のデータを用いて作図）

地中熱と水資源の利用

地中熱利用は、目にすることができず、アクセスが困難な地面の下の地盤環境を取り扱っています。そのため、不確実性やコストの課題があります。現在、それを減少させるための様々な技術の研究開発が実施されています。その一つとして挙げられるのは、地下水流動モデルを用いた地中熱利用における有望地域に関する評価手法の開発です[13,14]。ただし、地下水流動モデルの対象スケールが大きくなればなるほど検証データ不足から不確実性も大きくなり、さらなる研究開発が必要になってきます。また、地中熱利用は、地盤環境の擾乱《じょうらん》をもたらす可能性があります。これまでに、地域の水資源を地下水に依存している地域では、地中熱利用にあたって細心の注意を払い、地中熱と水資源という自然の恵みを上手く管理して利用する必要があります。そのために、今後はエネルギーと水の関連性に着目した研究や技術開発も必要になってくると考えます。

（井岡聖一郎）

もっと詳しく知りたい人へおすすめの書籍

① 北海道大学地中熱利用システム工学講座『地中熱ヒートポンプシステム』オーム社、二〇〇七年、一六七頁
② 内藤春雄著・特定非営利活動法人地中熱利用促進協会監修『地中熱利用ヒートポンプの基本がわかる本』オーム社、二〇一二年、一六七頁

参考文献

1 環境省「地中熱利用システム（パンフレット）」二〇一四年（オンライン）

2 山本荘毅責任編集『地下水学用語辞典』古今書院、一九八六年、一四一頁

3 ゼネラルヒートポンプ工業株式会社ホームページ

4 北海道大学地中熱利用システム工学講座『地中熱ヒートポンプシステム』オーム社、二〇〇七年、一六七頁

5 内藤春雄著・特定非営利活動法人地中熱利用促進協会監修『地中熱利用ヒートポンプの基本がわかる本』オーム社、二〇一二年、一六七頁

6 特定非営利活動法人地中熱利用促進協会編『地中熱利用ヒートポンプ施工管理マニュアル』オーム社、二〇一四年、一七三頁

7 井岡聖一郎・村岡洋文「オープンループ型地中熱ヒートポンプシステム利用を目指した地下水水質調査」『弘前大学北日本新エネルギー研究所年報』3、二〇一五年、一五頁

8 Wessel, P. and Smith, W.H.F. "New, improved version of the Generic Mapping Tool released. EOS transactions", *American Geophysical Union*, 79(47), 1998, p. 579

9 井岡聖一郎・村岡洋文・丸井敦尚・井川怜欧「青森県太平洋岸地域におけるオープン方式地中熱ヒートポンプシステムのための地下水水質評価」『日本地熱学会誌』35（3）、二〇一三年、一一一-一一七頁

10 藤井光「講座「地中熱利用ヒートポンプシステム」温度応答試験の実施と解析」『日本地熱学会誌』28（2）、二〇〇六年、二四五-二五七頁

11 藤井光・駒庭義人「誌面講座地熱利用技術7 サーマルレスポンス試験の原理と解析法、調査事例」『地下水学会誌』53（4）、二〇一一年、三九一-四〇〇頁

12 井岡聖一郎・村岡洋文・南條宏肇・藤井光・坂本隼人・長内利夫「青森県における地盤の見かけ熱伝導率」『日本地熱学会誌』35（3）、二〇一三年、一〇五-一一〇頁

13 Shrestha, G., Uchida, Y., Yoshioka, M., Fujii, H. and Ioka, S. "Assessment of development potential of ground-coupled heat pump system in Tsugaru Plain, Japan", *Renewable Energy*, 76, 2015, pp. 249-257

14 シュレスタガウラブ・内田洋平・吉岡真弓・藤井光・井岡聖一郎「地中熱ヒートポンプシステムにおけるポテンシャルマップの高度化」『日本地熱学会誌』37（4）、二〇一五年、一三三-一四一頁

第七章　太陽エネルギー

太陽と太陽エネルギー

約四六億年前に太陽、そして地球が誕生したとされます。それ以降、太陽から放出される多大なエネルギーである光を受けて、地球は時を経てきました。太陽のエネルギーも正確には無尽蔵ではなく、有限です。しかしながら、生命体の寿命だけでなく、私たちの文明の歴史のスケールから見ても、ほぼ永久的であるとみなすことができます。

太陽は、太陽系の中で最も強力なエネルギー源です。地球までの距離が一億五千万キロメートルもあり、届くエネルギーはごく僅かですが、化石燃料を含む様々なエネルギー源の大本でもあり、私たちの文明にとって無くてはならない存在です。**図7-1**に示すように自然界には多くのエネルギー源がありますが、原子力や地熱や潮力などを除くとほとんどは、太陽エネルギー由来であることがわかります。現在、最も利用されている石油・石炭・天然ガスなどの化石燃料は、結局過去の太陽エネルギーの蓄積からできており、産業革命以降を考えても、太陽エネルギーと人間生活との関わりが非常に大きいことがわかります。

天体として見ると、太陽は銀河系（天の川銀河）の恒星の一つであり、

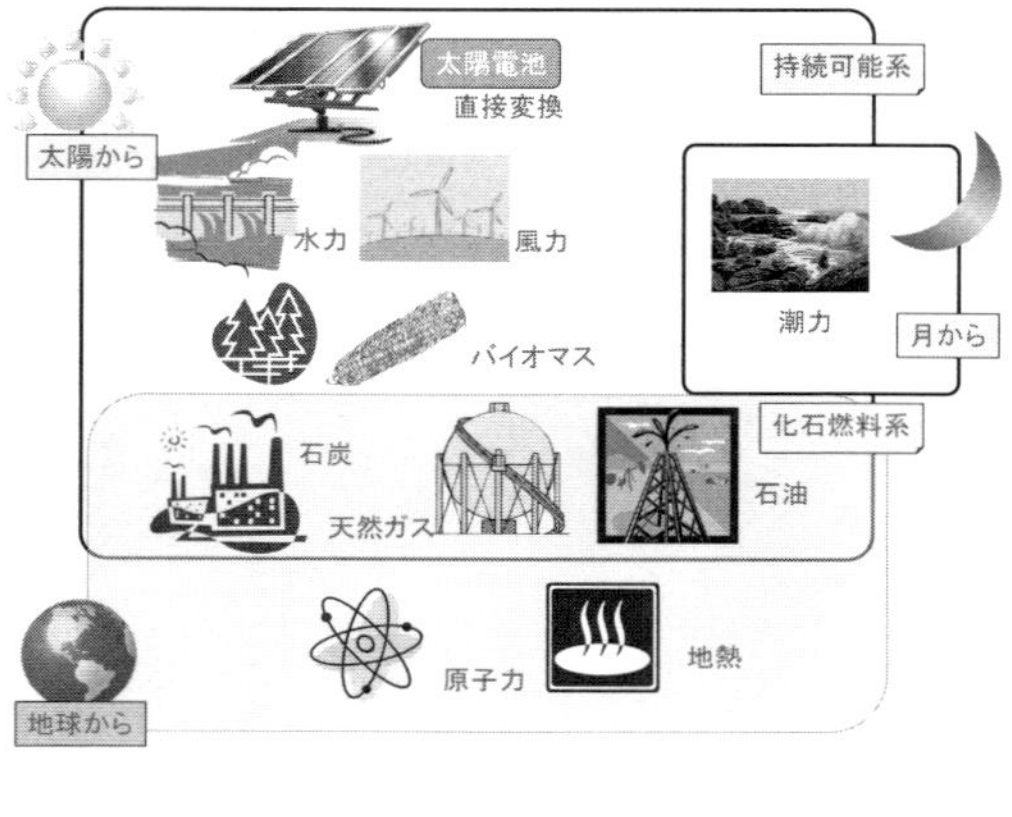

図7-1　自然界に存在する様々なエネルギー源

太陽系の物理的中心となっています。太陽系の全質量の九九・八八％を占めており、太陽系の中では唯一の恒星であり、表面温度は約五五〇〇℃に達します。この高い温度は、太陽の中の水素が核融合反応してヘリウムに変化することによって実現されています。太陽のおよそ四分の三は水素であり、残りのほとんどはヘリウムです。非常に高い表面温度のために、光としての熱輻射が地球まで届いたものを利用しています。地球と太陽の距離はおよそ一億五千万キロメートルも離れているので、受け取るエネルギーが小さくなります。さらにオゾン層では紫外線が、大気中に含まれる二酸化炭素や水などによって赤外線がそれぞれ吸収されるために、地表に届くまでにはさらに減少します。また緯度によって、太陽の方向が異なってくるために、受け取れるエネルギーが変化します。赤道では受け取れるエネルギーが大きいのに対して（この状態をＡＭ（エアマス）一・〇と呼びます）、日本では、大気中を通る距離が赤道に比べて一・五倍程度になるために、ＡＭ一・五と表現されます。**図７-２**に平均的な太陽光スペクトルと太陽表面温度に対応するプランク分布を示します。プランク分布とは、全ての物体が、その温度に応じて放射する光の分布で、温度によってその波長分布が決定されます。たとえば、溶けた鉄が赤く見えるのはこの性質のためです。逆に言えば、太陽光の成分から太陽の表面温度が推測できます。

　太陽光のエネルギー量はどのくらいでしょうか。場所や気象条件で大きく変動しますが、おおよその目安として、一平方メートルあたり、一キロ

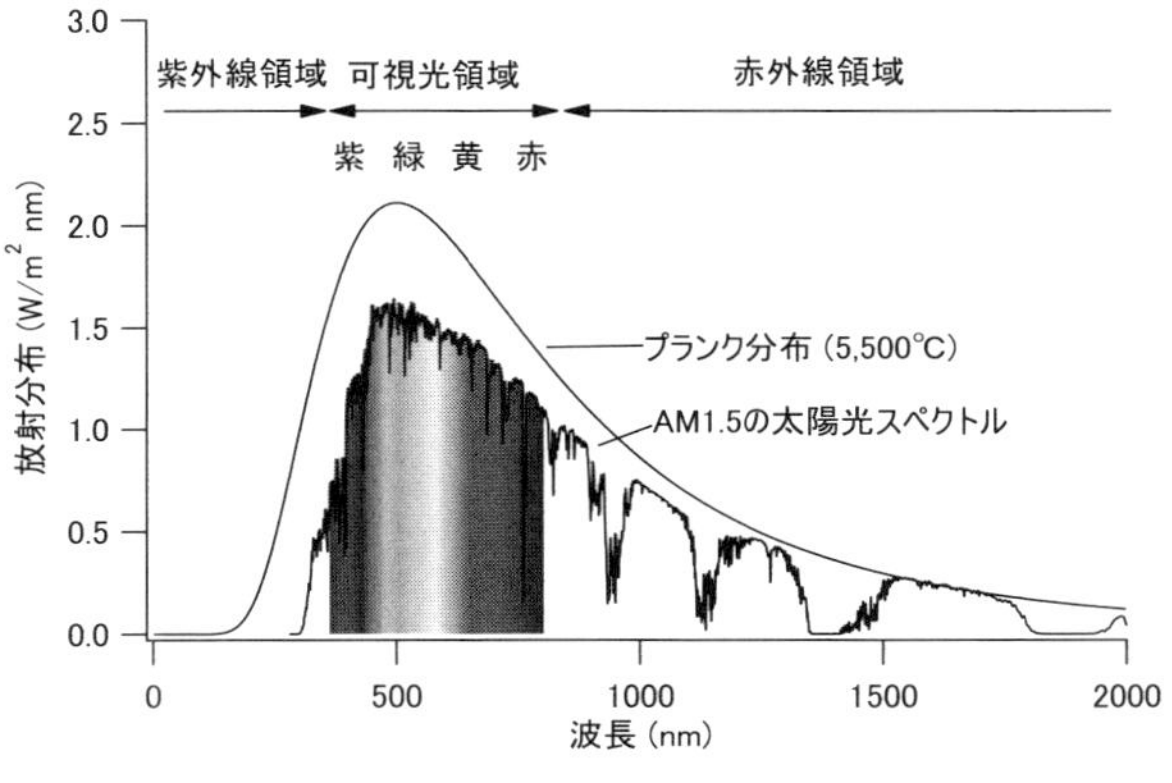

図７-２　平均的太陽光スペクトル（AM1.5）と太陽面温度に対応するプランク分布（１のデータから作成）

ワット程度になります。そこで太陽電池の変換効率を仮定すると、家庭用太陽電池でどの程度の電力を取り出せるかを見積もることができます。

実際、大規模な太陽光発電でどのくらいの発電量が見込めるのでしょうか。**図7−3**はゴビ砂漠全体に太陽電池を設置したときの全発電量の試算[2]です。全発電量は年間四一二エクサジュール（エクサ＝10^{18}）となり、二〇〇二年の世界一次エネルギー供給量の年間四三三エクサジュールとほぼ同じになります。このように、太陽エネルギーは、全体のエネルギー量としては、非常に大きな量でありますが、地球全体に広がっているために、単位面積あたりではそれほど大きくありません。

再生可能エネルギーと太陽エネルギー

近年、再生可能エネルギーが注目されるようになってきました。利用可能なエネルギーの総量は、賦存量と呼ばれます。例えば、バイオマスは非常に大きく存在すると試算されていますが、その利用はコストのために、あまり普及していませんでした。そこで、固定価格買取制度（ＦＩＴ）*などが導入されてようやく普及するようになってきました。

再生可能なエネルギーの最大の問題点は、「散らばっている」ものを「集めてくる」ことです。物理用語では、「エントロピー」と呼ばれる量があります。おおまかに言うと、乱雑さに対応した量であり、散らばっている状態はエントロピーが大きく、集まっている状態はエントロピーが小さ

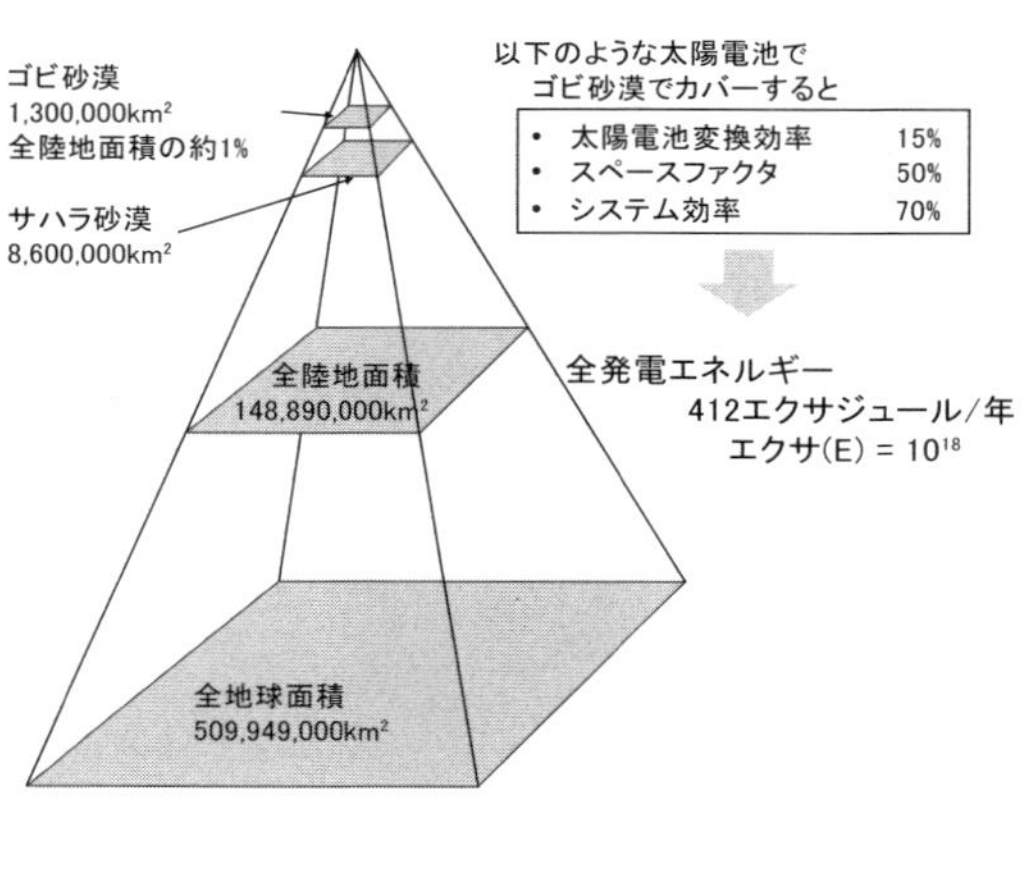

図7−3 地球上の特徴的な面積と発電量の試算（2をもとに作図）

いことになります。「散らばってしまった」エネルギー源を集めることは、エネルギーを使ってしかできません。例えば、バイオマスを運ぶのには、トラックを使って運んだりしますので、エネルギーなしではできません。このように現実のエネルギー循環を考える上では、全エネルギー量に対応する賦存量だけでなく、「エントロピー」に相当することを考えないと十分に利用できないことになります。太陽エネルギーについてもこのことは当てはまります。太陽自体は巨大な核融合炉ですから、太陽の近くであれば、膨大すぎるエネルギーを利用して理論的には、効率のよい発電ができます（もし耐えられる材料があるとすればですが）。ところが地球上に届く頃に相当薄いエネルギー密度になっていますので、例えば、太陽電池で発電した電力はあちこちに散らばっていますので、これらを集めるための送電網が重要になります。

このように現実のエネルギー体系を理解するには、賦存量という「エネルギー」総量だけではなく、「エントロピー」に相当する部分もよく考えなければ、運んだり、集めたりすることが難しくなり、結局絵に描いた餅になってしまいます。化石燃料は、太陽エネルギーが蓄えられたものですが、「エントロピー」的にみれば、化石になる過程で石油・天然ガスは背斜構造に閉じ込められたり、石炭が堆積によって「濃縮」されていたりすることによって「エントロピー」が小さくなっており、使いやすい状態にあります。今後、再生可能エネルギーの利用を促進していくためには、「エントロピー」を下げる、すなわち集めてくる部分に注目していく必要があります。化石燃料のように集まっているエネルギー源（「エントロピー」が

ＦＩＴ（フィードインタリフ）
固定価格買取制度とも呼ばれる助成制度。エネルギーの買取価格（タリフ）を法律により定めるというものです。

小さい）だけでなく、集まっていないエネルギー源（「エントロピー」が大きい）をどのように取り扱っていくかが大切になります。

もちろん、エネルギーを実際に利用していくための、最も重要な因子はコストですので、これについてもよく考える必要があります。

太陽エネルギーの利用形態

古くから太陽エネルギーは、地球の変遷に大きな影響を及ぼしてきました。地球上に生命体が誕生して、光合成を行うことができるようになると地表の酸素が増えていきました。言い換えると、このとき、太陽エネルギーの貯蔵が始まったともいえます。長い時間を経ることによって、炭素系の化石燃料として膨大なエネルギーが蓄えられてきました。またこのおかげで、地球の酸素濃度は非常に高くなりました。

その後、現れた人間にとって、太陽光は欠かせないものです。照明・暖房などのように直接的な関わりや、農耕など光合成を介した形での関わりなど、人間生活を営む上で、非常に大きな役割を果たしています。

現代社会における太陽エネルギーの利用形態と利用方法を考える上で、光としての利用と熱としての利用の二つに区分することができると思います。**表7-1**に主なものを挙げてあります。熱を利用するときの特徴として、物質の熱容量が存在するために、変化が現れるのが遅いという問題があります。例えば、太陽熱発電では、昼間のある時間帯のみ効率良く発電できますが、その他の時間帯では効率が低

表7-1　太陽エネルギーの利用形態と方法

エネルギー形態	特徴	利用方法	
光	早い応答速度・集光が不要	光合成（植物）	太陽光発電 太陽電池
		殺菌・代謝	光触媒
熱	遅い応答速度・高温には集光が必要	暖房	太陽熱発電
		ビニールハウス	太陽熱温水器

下し、発電できなくなってしまいます。そのために、天然ガスなどの化石燃料の火力発電に加えて太陽光によるアシストをとるハイブリッド型が検討され始めています。この場合には化石燃料に対してどの程度、太陽光によって燃料が節約できるかを議論する必要があります。また集光システム*が必要となるので、追尾システム*などの消費エネルギーを考えなければなりません。

一方、太陽光発電では、一般的に追尾システムは不要であり、可動部分がない（または少ない）ために、メンテナンスフリーですが、夜間は全く発電できないために、蓄電・揚水発電*・水素エネルギーなどの電力以外のエネルギーへの変換が必要となります。

太陽光発電に比べて、光合成や光触媒は、ずっと変換効率が低いのですが、簡便さや自己増殖しやすいなどの特徴をもっており、様々な研究がなされています。特に藻類*を増殖させてそこからバイオ燃料を作る研究も盛んになってきています。

太陽電池と材料科学

太陽エネルギーを有効に利用できる変換デバイスとして太陽電池があります。発電機を利用する従来の発電方法と違って可動部分をもっていません。このことから、コンパクトでメンテナンスフリーな発電システムの構築が可能になります。太陽電池の仕組みは、コンピューターなどに用いられる半導体を使って作られています。さて半導体とはどのようなものでしょうか。

まず、材料の中を電気が流れるという現象について考えてみましょう。全ての固

集光システム
太陽光をレンズや鏡を使うことによって、小面積に光エネルギーを集めることにより、高価な太陽電池の必要な面積を減らすとともに、エネルギー効率を増大させます。

追尾システム
集光システムの場合には、太陽の位置の移動に伴ってレンズや鏡の焦点が移動するためにレンズや鏡を太陽の位置に応じて調整するシステム。可動部分があるために、メンテナンスコストは増大します。

揚水発電（ようすいはつでん）
夜間電力など、余剰の電力を使って、下流の水をダムにポンプで組み上げることによって、水力発電の水位を上昇させて位置エネルギーとして保存して、必要なときに水力発電として利用します。

藻類を利用したエネルギー創成
藻類には、光合成するものとしないものがあります。光合成するものではボトリオコッカスが有名ですが、オイルの生成効率が高くありません。一方、光合成しないオーランチオキトリウムは、オイルの生成効率が高いのですが、何らかの有機物供給源が必要です。

体の材料は、原子が様々な形で結合して構成されています。それぞれの原子がもっている電子は、原子番号と同じ数だけありますが、電子の存在する場所は、エネルギーの低いところから順に満たされていきます。**図7-4**の(a)に示すように入れ物に水を途中まで入れると底から水面のところまで水で満たされます。これが金属に相当します。この入れ物を右に傾けると(**図7-4**(c))水が入れ物の中で左から右に移動します。この現象は電気が流れる仕組みと対応しています。もちろん逆に傾ければ逆方向に水が移動します。水位のことをフェルミ準位と呼びます。

図7-4(b)に示すように入れ物に水を一杯いれて缶詰のように蓋をした入れ物と空の入れ物を上下に並べたものを考えます。**図7-4**(d)に示すように、この状態は右に傾けても下側の入れ物は水が一杯になっているために流れませんし、上側の入れ物には水が入っていませんので、当然水が流れません。このような組み合わせでは、電気が流れない状態になります。下側の水の缶詰を価電子帯、空の入れ物を伝導帯と呼びます。二つの入れ物の間には、エネルギー的に違いがあってちょうど建物の一階と二階のように簡単には行き来ができないようになっています。このエネルギー差をバンドギャップといい、この領域を禁制帯と呼びます。バンドギャップは固体の材料に依存した固有の値であり、**表7-2**のように様々な材料で異なる値をもちます。このバンドギャップの大きさが非常に重要になってきます。

光には、様々な色がありますが、それは光の波長が異なるからです。太陽光は白色に見えますが、プリズムや水滴を通過すると、波長によって分けられ、虹色に見

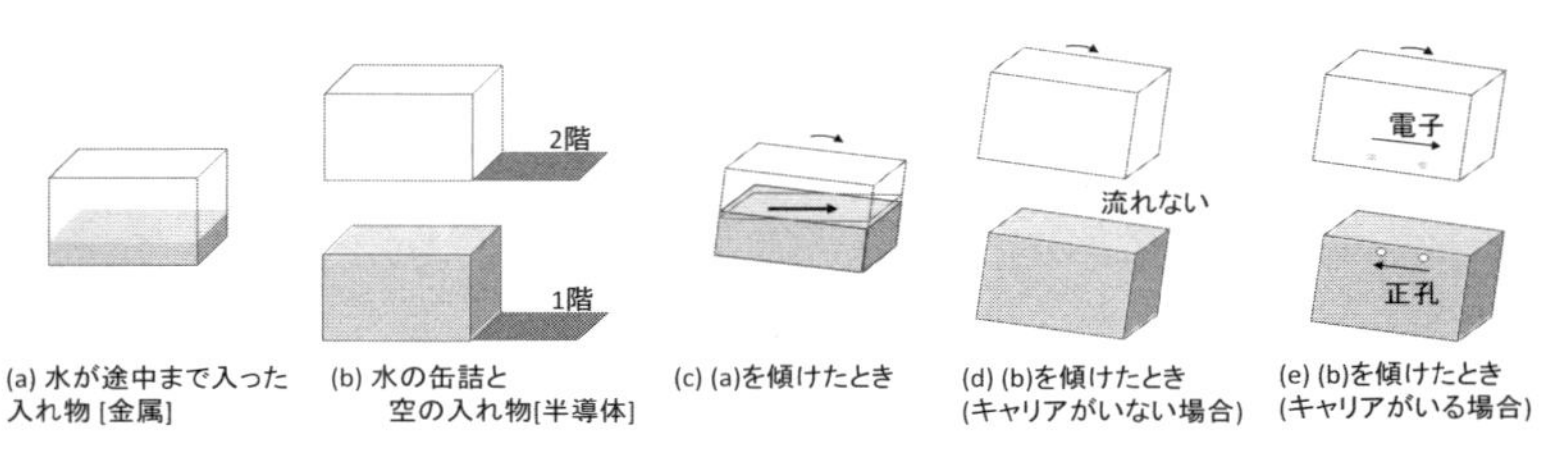

(a) 水が途中まで入った入れ物 [金属]
(b) 水の缶詰と空の入れ物[半導体]
(c) (a)を傾けたとき
(d) (b)を傾けたとき (キャリアがいない場合)
(e) (b)を傾けたとき (キャリアがいる場合)

図7-4 金属や半導体の電子の振る舞い

えます。すなわち太陽光は、様々な波長の光の集合体であることがわかります。先ほどの半導体のバンドギャップとの関係をみてみましょう。実は、光の波長の逆数は光のエネルギーに対応しています。すると半導体に光があたると、バンドギャップ以上では光は半導体に吸収されるのですが、バンドギャップ以下では、光は透過してしまいます。光の色によって吸収・透過率が違いますので、**表7-2**のようにバンドギャップと半導体の色が対応するようになります。

先ほどの水のモデル（**図7-4**（**b**））で考えると入ってきた光は、一階と二階のエネルギー差以下のエネルギーしかもっていなければ、そのまま通過しますが、バンドギャップ以上のエネルギーをもっていれば、光は吸収されて、下の水の缶詰から一滴水を吸い取って上の空の入れ物に移します。こうなると、**図7-4**（**e**）に示すように半導体は電気が流れない状態から流れる状態になります。ただし、空の入れ物にある水滴は電子とよばれ、負の電荷をもちますが、吸い取られた後にできる泡は、正の電荷をもっており、正孔と呼ばれます。この二種類は、電荷を運ぶのでキャリアと呼ばれます。

このように電気を流したり、流れなくしたりできることが半導体の特徴の一つです。先の例では光でしたが、電気でうまく制御するとスイッチング素子*になり、コンピューターを構成することができます。

さて太陽電池は、どのように半導体を利用して発電しているのでしょうか。**図7-5**は太陽電池の発電の仕組みを模式的に表したものです。太陽の光を受けるとバンドギャップ以上の光の成分に応じて光キャリア（光によって発生したキャリ

表7-2　様々な半導体のバンドギャップ

半導体材料	バンドギャップ（eV）	材料の色
ZnS	3.5	白（透明）
GaN	2.6	白（透明）
CdS	2.6	黄
GaP	2.2	橙
HgS	2	赤
GaAs	1.5	黒
Si	1.1	濃い紫

スイッチング素子
入力信号に応じて、出力信号をオン・オフできる素子。コンピューターを始めとするデジタル回路は、この素子を組み合わせることによって実現しています。

ア）が発生します。つまり先ほどの水滴の吸い上げに相当します。このように発生したキャリアはプラスの電気をもったものとマイナスの電気をもったものの両方ができます。これをそのままにしておくといずれ両者が結合して電気を失ってしまいます。

そこで半導体をうまく組み合わせることによって、プラスの電気を右側へマイナスの電気を左側へというように交通整理（電荷分離）してあげると電気として取り出せるようになります。太陽電池の特性としては、いかに損失無く交通整理をして電極までキャリアを導くことができるかが重要となります。

太陽光は、様々な波長の光を含んでいるので、どのような大きさのバンドギャップの半導体を用いるかが重要です。**図7-6**に太陽電池におけるバンドギャップと光の波長の関係を示します。バンドギャップよりも光の波長が長ければ、吸収されませんし、短すぎる場合には一部は熱エネルギーになってしまいます。一番よく利用されているシリコンのバンドギャップは一・一電子ボルト（eV）程度です。太陽光のスペクトルに対して若干小さいのですが、比較的高い効率を示しており、おおよそ二〇％にもなります。AM一・五の太陽光での最大理論効率でさえ三〇％程度ですので、技術的にはかなりのところまで到達していることがわかります。

CIGS太陽電池（銅、インジウム、ガリウム、セレンからなる太陽電池）やカドミウムテルライド（CdTe）太陽電池などのようにシリコンよりバン

図7-5　太陽電池の仕組み

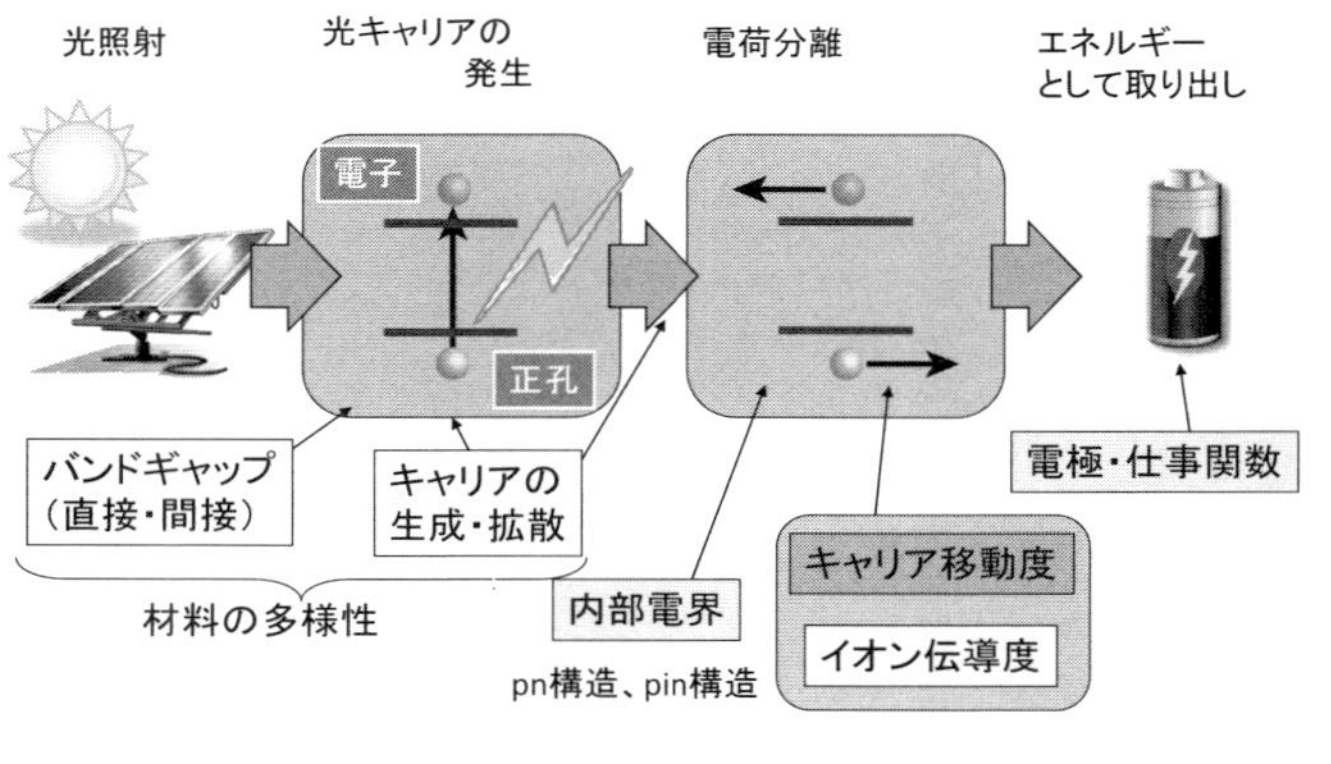

ドギャップの大きい太陽電池は理論効率が高くなることから、盛んに研究されています。また二〇〇九年に新たに報告されたペロブスカイト型太陽電池[3]は、有機材料と無機材料のハイブリッドの材料で、現在（二〇一五年二月の時点）、二〇％を超える変換効率を出してきており、鉛を含んでいるという問題点をかかえているものの注目が高まっています。

太陽電池材料と枯渇問題

必要なエネルギーはゴビ砂漠を太陽電池で埋め尽くせばまかなえるという試算を紹介しました。しかし、実は、大面積の太陽電池を製造するとなると大量の太陽電池材料が必要となります。文献によれば、太陽電池材料に注目した場合、構成元素の埋蔵量から試算するとシリコン太陽電池以外では、せいぜい五〇〇ギガワット程度の太陽電池の製造で枯渇してしまいます。[4]このことから、広大なエリアに置く太陽電池の候補は、シリコン太陽電池に限られてくると言ってもよいでしょう。

シリコン太陽電池の製造プロセス自体はかなり開発され尽くした技術ではありますが、シリコンの製造に関しては、まだ製造コストやエネルギーコストの低減、さらには二酸化炭素排出量の抑制など様々な問題があります。特にシリコンの製造は、中国をはじめとする発展途上国で行われており、現時点ではシリコン製造による二酸化炭素の排出は問題になっていませんが、今後問題となることは明らかです。

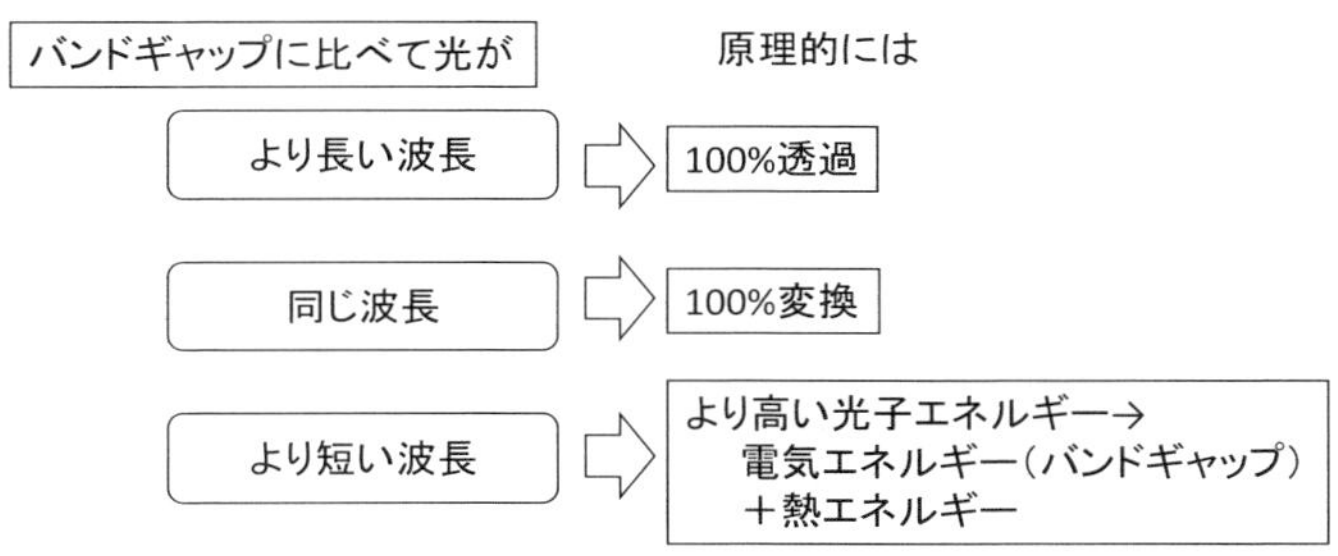

図7-6　太陽電池におけるバンドギャップと光の波長の関係

そのような流れの中で、低コストでシリコンを製造するプロセスの研究が進められています。[5] 通常のプロセスでは、炭素で一度還元してから、再度水素で還元しており、二段階の高温プロセスを必要としているのに対して、新しい還元方法は、一回の高温プロセスで太陽電池用シリコンを作ることができます。

産業革命以降、大量の化石燃料を利用することによって、近代化が急速に進んできました。しかし、これらのエネルギーは非常に長い期間に蓄えられた太陽エネルギーなのです。現在、地球に注がれている太陽エネルギーをできるだけ利用することが気候変動を抑えることに繋がります。そのためのさらなる技術革新が必要とされています。

（伊高健治）

参考文献

1 NREL「Reference Solar Spectral Irradiance: Air Mass 1.5」 RREDCホームページ

2 K. Kurokawa *Energy from the Desert, Practical Proposals for Very Large Scale Photovoltaic Systems*, 2003, p. xxx

3 A. Kojima, K. Teshima, Y. Shirai, T. Miyasaka J. Am. Chem. Soc., 131, 2009, p.6050

4 H. Koinuma and M. Sumiya Proc. of World Conf. on the Role of Adv. Mat. in Sustainable Development (IUPAC Chemrawn-9), 1996, p.147

5 K. Itaka, T. Ogasawara, A. Boucetta, R. Benioub, M. Sumiya, T. Hashimoto, H. Koinuma, and Y. Furuya *Journal of Physics: Conference Series*, 596, p.012015

第三部

エネルギー利用を考える

～さらなる効率化へ向けて～

第八章　省エネルギー

社会の省エネルギー化促進の必要性

インターネット、新聞やテレビで「去年の世界気温が過去最高を記録しました」というニュースを頻繁に見聞きするようになりました。また、テレビ番組の合間に流れるＣＭで、車なら「燃費○○キロメートル／リットル達成」とか、冷蔵庫やエアコンなら「省エネ達成率○○％」という表現が、まるで告知義務であるかのごとく使われます。もちろん、「これが我が社製品のセールスポイントです」というアピールのためですが、これらの源流はなんでしょうか。冒頭で取り上げた時事ニュースの例では、何に警鐘を鳴らしているのでしょうか。極論かもしれませんが、これらは、人類が永続的、かつ、平和的にこの地球上で存続していくために考えて選んだ方法が、想定通りに進んでいるかの逐次報告なのです。身近な表現を用いると、エネルギー技術の発展状況と、その取り組み・普及の度合いがどの程度なのかを政策的方針に照らし合わせた報告で、これらの具体的な目的は、地球温暖化現象の抑止、そして化石資源が枯渇危機に瀕していることを受けてのエネルギー確保対策です。

地球温暖化問題では二酸化炭素の増加が最も影響を及ぼしているとされ、その排出源は私たちの日々の生活です。化石資源の枯渇危機も人類が多量に使用してきたから直面した問題で、エネルギーとして使用する際に二酸化炭素が生じます。それでは、私たちが今直面している地球温暖化と化石資源枯渇の二つの問題（むしろ危機）を乗り越えるためには何をすればよいでしょうか。化石資源を使わなければ、減ることもなく、それで困ることもありません。使用時に発生する大量の二酸化炭素もありません。では、一つのアイディアとして今日から化石資源の利用をスパッとやめますか？

人類史にみる近代の目覚しい発展は、化石燃料によってもたらされています。移動に使う自動車や電車、夏や冬に使う冷暖房、お風呂、料理、スマホの充電、数えあげたらキリがありませんが、これらは日々の快適性と利便性の確保・維持のために、農業なら生産性（収穫量）向上のために、かたちは違っても大部分は化石資源に由来するエネルギーを使用しています。生活の質（当たり前の生活）を維持するには、エネルギーの使用は必須です。

最近では化石の代替エネルギーとして再生可能エネルギーが注目され、各種の発電施設が続々と稼動を始めています。再生可能エネルギーは発電時に二酸化炭素を排出しないので理想的な代替資源と言えます。ただし、仮に完全代替できるとしても普及するには相当な年月が必要です。それまで化石資源はもつでしょうか。繁栄を続ける人類はその人口を増やし、活動規模を拡大しています。みんな今の当たり前の生活を続けたいし、もっと裕福になりたいはずです。化石資源を細々とやり繰りすることにみんなが賛成するでしょうか。

きっと答えは「ＮＯ」です。

ただし、ワガママばかり言っていては、共倒れです。そこで次のアイディアが、「効率的なエネルギーの使い方=省エネルギー」です。実は生活を支える各種の機器は、その本来の仕事以外のためにも多くのエネルギーを消費します。生活の快適性と利便性の水準を維持しながらも、この無駄な消費を減らすことが省エネルギー化で、化石エネルギー使用量の削減、さらには二酸化炭素排出量の低減に寄与します。

日本における省エネルギー化政策の流れ

私たちの生活する日本において、エネルギーの節約を目的とした最初の法律は「熱管理法」（一九五一年施行）です。**図8-1**は一九六五年から二〇一四年までの日本の*最終エネルギー消費量の推移を四つの分類で積み上げた年表で、高度経済成長期にあたる一九七三年頃までは産業部門における最終エネルギー消費が圧倒的に多いことがみてとれます。この背景から想像できるように、熱管理法は工場や事業所における燃料と熱の有効利用と燃料の保全・合理化（過度の不利益を生じない程度での高効率化）を目的としていました。

その後、化石資源のほとんどを輸入に頼ってきた日本にとって深刻な問題、オイルショックと呼ばれる石油価格の暴騰が起こり、経済危機を迎えます。これを契機として、全ての活動におけるエネルギー使用効率の改善が必要との判断に至り、エネルギー全般の節約を目的とした本格的な法律「エネルギーの使用の合理化等に関する法律（通称・省エネ法）」（一九七四年施行）の運用が始まりました。省エネ法

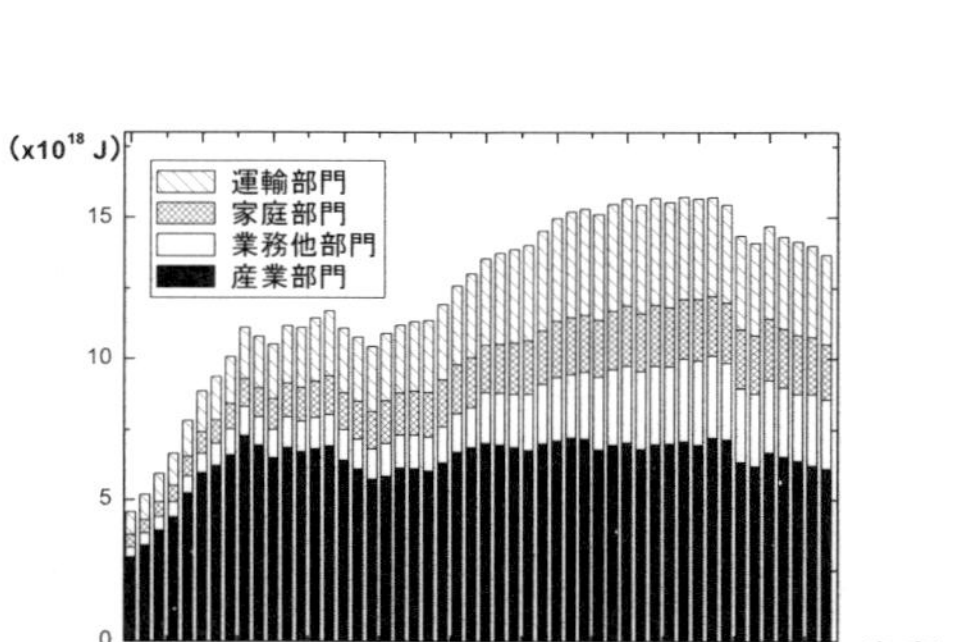

図8-1　日本の最終エネルギー消費（1の統計データより作図）

最終エネルギー消費
店舗、運送業、工場やオフィス運搬業、それに家庭といった需要家レベルで消費されるエネルギーのこと。原油、天然ガスや地熱等の一次エネルギー、ならびにそれらを加工・変換したガソリン、都市ガスや電力等の二次エネルギーの消費の総計。

は、社会的、経済的にどんなエネルギー情勢下におかれても、自国の発展のために工場（産業）、輸送（運輸）、建築物および機械器具のエネルギー効率を見直し、合理的にする措置をとらせることを目的としています。

省エネ法は現在でも有効な法律ですが、これまでの長い年月の中で、その時々の状況を鑑みて何度かの改正（見直し）が実施されています。例えば、一九九八年の大改正です。

省エネ法を施行してまもなく、今度は全世界規模の環境問題が顕在化してきました。地球温暖化問題です。この問題は温室効果ガス、特に二酸化炭素の過度の排出が原因ですので、環境対策として地球規模で二酸化炭素の排出規制が必要です。この背景を受けて、国際的には一九九七年に気候変動枠組条約の第三回締約国会議（通称・ＣＯＰ３）が行われて気候変動枠組条約に関する議定書（通称・京都議定書）が採択され、日本は経済大国として二酸化炭素の排出量削減義務を負いました。

最終エネルギー消費の内訳（**図８-１**）を見ると、一九八五年頃を境に産業部門以外の消費が増加しています。単純には経済発展によるものですが、省エネ法でエネルギー浪費（二酸化炭素の排出）を抑制してきた中、産業部門では法律運用の効果が現れる一方で、運輸や民生（家庭と業務）部門でのエネルギー消費が顕在化してきました。そこで（実質的には京都議定書の批准を遵守するために）、省エネ法が改正・強化され、民生と運輸部門の省エネルギー化を図る目的で、機械器具に係る各種の政令・省令と制度が誕生します。

トップランナー制度

ここでは私たちの普段の生活の中における省エネルギー化を最も強く推し進める「トップランナー制度」[2]について解説します。

国内のエネルギー事情を受けて始まった「トップランナー制度」は、国内の省エネルギー化を図る上で、民生および運輸部門のエネルギー効率改善が極めて重要との考え方に基づいています。[3] そのため、数え切れないほど存在する機械器具（自動車、家電製品や建築材料等）の中から次の三要件を満たす機械器具を特定エネルギー消費機器と認定し、制度の適用対象としています。

①我が国において大量に使用される機器であること

②その使用に際し相当量のエネルギーを消費する機器であること

③その機器に係るエネルギー消費効率の向上を図ることが特に必要なものであること（効率改善余地等があるもの）

制度の導入当初に対象となったトップランナー機器は自動車やエアコン等の十一品目でしたが、何度かの見直しを経て現在では三一品目の機器が対象となっています。[2,3] この中には、直接エネルギーを消費しないものの、熱損失の低減によって住宅やビルの省エネルギーに寄与するものとして、断熱材や窓（サッシ、複層ガラス）も含まれています。その一方、ビデオテープレコーダーやブラウン管テレビは認定機器であったものの、近年は製造（出荷）されていないことを受けて認定から除外する検討が始まっています。[3]

次に、トップランナー制度の具体的な運用の一例についてみてみましょう。なお、トップランナー制度には細かい規定・定義がたくさんあるため、ここでの説明は必ずしも全ての機器・分類に適合せず、僅かにですが例外とする判断基準も存在します。

図8-2は、特定エネルギー機器であるテレビジョン受信機のうち、液晶・プラズマテレビに対するトップランナー制度の模式図です。まず、特定エネルギー機器に認定されると、基準年度と目標年度が設定されます。液晶・プラズマテレビの場合、基準年度は二〇〇八年です。このときに各社から販売されているテレビの中で最もエネルギー効率の高い機器がトップランナーに位置付けられます（A社製品）。その後、年月の経過とともに目標年度（二〇一二年）に至るのですが、ここで重要なことは、目標年度に達した時点でトップランナーのエネルギー効率に達していない機器は、基本的にはそれ以降の販売・出荷ができなくなることです（C社製品）。そのため製造会社は商売を続ける限り、トップランナー機器のエネルギー効率を上回る製品を期間内に開発し、販売できる体制を整えなくてはなりません。このように、エネルギー浪費量の多い機器を社会から排除し、高エネルギー効率な機器のみの普及を推し進める制度がトップランナー制度です。液晶・プラズマテレビの場合、目標年度を二〇一二年（基準年度は二〇〇八年）として実施され、六〇％ものエネルギー効率の改善が達成されています。[4]

技術の発展やエネルギー事情の変化に応じて、特定エネルギー機器の認定は同種の機器に対して再度行われる場合があります。液晶・プラズマテレビについても目標年度を経過してしばらく経ちますが、経過以後はエネルギー効率の改善がほとん

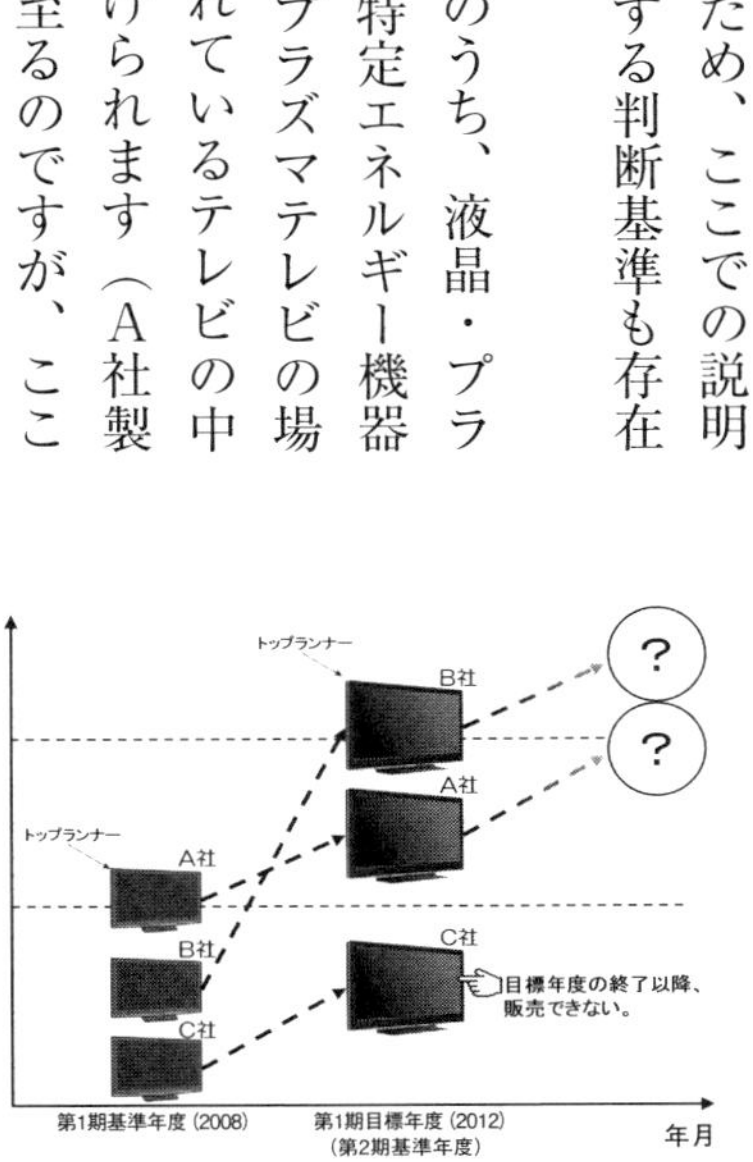

図8-2　トップランナー制度の運用例（液晶・プラズマテレビ受信機の場合）

どみられません。[4]しかしながら、技術発展によってエネルギー消費効率の改善の余地が生じてきたとの見方が強まり、機器の再認定に向けた検討（三要件の確認）が提案されています。[5]

省エネルギー要素技術（電気・電子機器）

前節で触れたトップランナー制度では、省エネ法の下、特定エネルギー機器に認定された品目についてエネルギー効率の改善を目指しています。特定エネルギー機器は、部屋にあるような電子・電気機器ばかりではありません。燃料から直接熱を取り出し利用する機器（ストーブ、給湯器やガス調理器）であったり、自動車や自動販売機、さらに、主として産業用に使われるモーター（例えば消費電力の大きい三相誘導電動機）等もあります。しかし特定機器以外にも、消費者（購入者）側のもつ環境配慮ニーズへの対応や、製造会社の環境理念・環境方針によって、多くの機器の省エネルギー化が進んでいます。

各種機器の省エネルギー化において効率改善の期待量が多いのは電気利用製品です。その中でもとりわけ、モーターは日本の全消費電力の五五％を占め、産業部門における消費電力の七五％は産業用モーターが占めているとされます。[6]では電気・電子機器の省エネルギー化は何によって達成されていくのでしょうか。ここからはこれらの省エネルギー化を牽引している二つの要素技術についてみていきます。

（1）パワー半導体デバイス

パワー半導体デバイス*とは、電気を整流・増幅・スイッチングする半導体デバイスのうち、高電圧・大電流を制御できるデバイスです。ここからはそれがどのようにして省エネルギー化に寄与しているかに触れてみましょう。

電力会社から家庭や工場に送られてくる電気は交流で、その周波数は地域によって五〇ヘルツもしくは六〇ヘルツだということはご存知と思います。しかし身の回りの家電品はどうでしょうか。最近の製品だと受電した交流をそのまま使用する機器はまずありません。

スマホは、ACアダプター（コンバーター*）で低電圧の直流にした電気を使って充電されます。冷蔵庫は、モーターで駆動するコンプレッサーを用いて食品を冷やしています。このモーターは交流の電気で動作しますが、その電気はまずコンバーターを介して直流にされ、次いでレギュレーター*やインバーター*と呼ばれる装置で交流化と波形（電圧と周波数）の調節を行ってからモーターの運転に供しています。

では、なぜわざわざ電力変換を行うのかというと、そのまま使用すると機器のエネルギー効率が悪いからです。そこでコンバーターやインバーターを介し、機器を構成するデバイス（冷蔵庫ならコンプレッサー）が効率よく機能できるように供給電力源を交流から直流への変換やその逆変換、さらには周波数の変調や電圧昇降を行います。このような電力最適化技術をパワーエレクトロニクス技術と呼びますが、これにより機器のエネルギー効率は劇的に向上します。

前述の電力変換回路の心臓部に用いられるのがパワー半導体デバイスです。ケイ素（Si）や炭化ケイ素（SiC）に代表される半導体素材を用いて作られています。

半導体デバイス
半導体という物質の性質を利用して電子の流れの制御を行うデバイス（素子）のこと。小電力領域では信号の処理が主な働きで、電流を整流するダイオードや電流を増幅・スイッチングするトランジスタ、さらにはそれらを集積することで演算や記憶などの働きをする回路（IC、LSIやCPU）ですが、大電力領域では本文中のMOSFETやIGBTが代表例です。

コンバーター
ここでは交流（AC）を直流（DC）に変換する装置のこと。ACアダプターは厳密にはAC-DCコンバーターを指します。

レギュレーター
ここでは電圧調整器のこと。電圧の昇降や、電圧の脈動を安定化させる機能があります。

インバーター
直流を交流に変換する装置のこと。交流の周波数を変調させたり、波形を制御することもできます。

素材の違いによって性能が異なるため、デバイスの選定は用途によって決まります。電力容量と動作周波数に高い要求がない場合にはケイ素が、大電力容量が求められる場合には炭化ケイ素が、高動作周波数が求められる場合には窒化ガリウム（GaN）、ケイ素、あるいは炭化ケイ素のいずれかが想定電力容量によって適宜選ばれます（**図8-3**）。また、同じ素材であっても、デバイスの物理的構造の違いによって動作性能は変化します。主なものにMOSFET（金属酸化膜半導体型電界効果トランジスタ）やIGBT（絶縁ゲート型バイポーラトランジスタ）があり、例えばMOSFETは高速駆動用途に、IGBTは高電圧・大電流用途にとそれぞれ得意領域があり、機器とその構成により使い分けられています。

しかしながら、パワー半導体デバイスによって機器の効率化は完遂された……とは言い切れません。ここで出てきたコンバーターやインバーターも予め機器に組み込まれており、機器の一部と言えますが、そこに組み込まれているパワー半導体デバイス自体にも動作時におけるエネルギー変換効率の改善余地があります。また、各種の電気製品が日進月歩で発展を続ける限り、このパワー半導体もまた発展途上の段にあって、一〇〇ギガヘルツ領域の高速駆動や一〇〇メガワット級の大電力への対応が求められています。素材の最近の主流は炭化ケイ素ですが、速度性能に優れた窒化ガリウム半導体の製品販売、さらには二〇一六年一月現在、次世代パワー半導体として期待される酸化ガリウム（Ga_2O_3）も素材のサンプル出荷が開始されています。

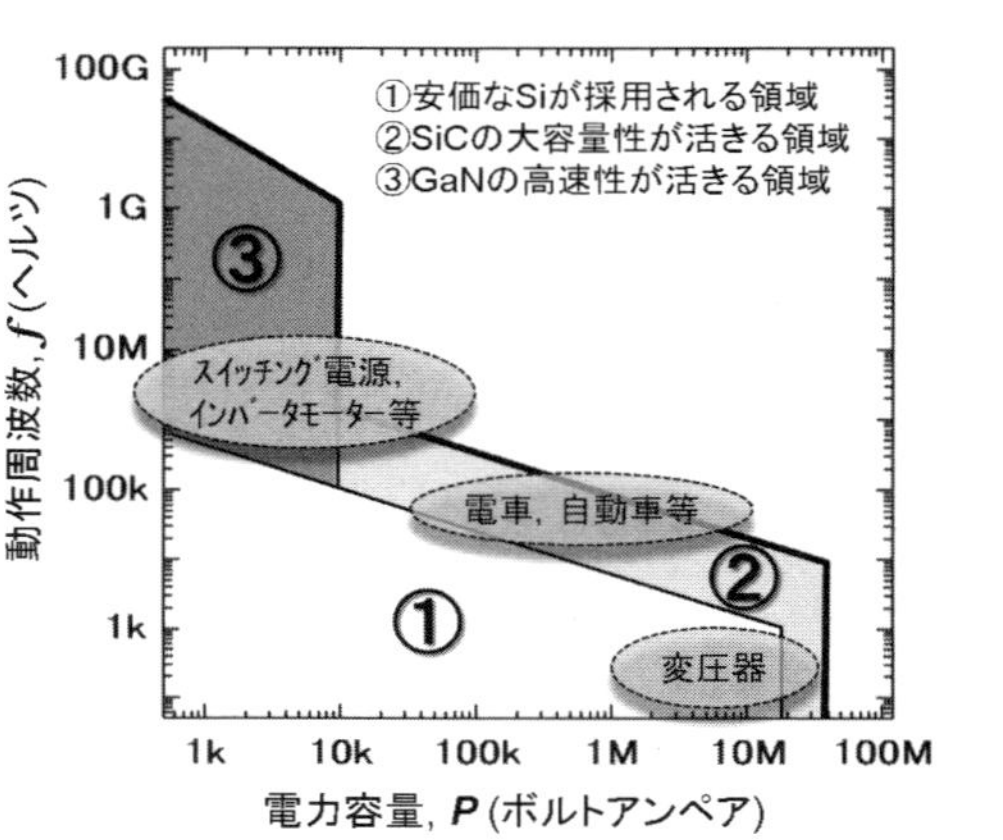

図8-3　電力変換用パワー半導体デバイスの使用領域と典型的な用途

（2）磁性材料

電気エネルギーの変換に役立つ要素として、パワー半導体と双璧をなすものに磁性材料があります。磁性材料とは磁力を有する物質のうち、その性質が社会にとって有用に機能する材料のことで、身の回りにある磁性材料は性質から分類して硬（質）磁性と軟（質）磁性の二つに大別されます。

硬磁性材料は永久磁石とも呼ばれ、身近なものには黒板や冷蔵庫に貼り付けるマグネットシートがあります。これは酸化鉄系であって、容易に作製でき、安価であることが支持され、現在も多量に生産されていますが、それほど吸着力*は、強くありません。電化製品の中や電力変換工学の現場で使われているのはネオジム磁石やサマコバ磁石と呼ばれる金属系の永久磁石で、相当に強い吸着力をもちます。現在の主流はネオジム磁石（鉄-ネオジウム-ホウ素、またはディスプロシウム等の希土類元素をさらに添加した合金磁石）で、近年安価に製造できるようになったことと、やはりその性能が優れていることによります。これらは、外部から何も手を加えることなく磁界を発生し、その磁界を保つ性質があるので、電磁誘導現象（電気と磁気と力の相互作用）を利用してモーターを回したり、スピーカーを鳴らしたりする場合に使われています。硬磁性材料はその磁気的性質が優れているほど、機器の小型・軽量化が可能であったり、機器の制御における限界設定の調整幅にゆとりができたりするので、結果的には各種の機器の省エネルギー化に寄与します。

もう一つの軟磁性材料ですが、これは耳慣れない言葉と思いますが、どういったも

吸着力
磁石の吸着力は磁石の最大磁気エネルギー積と比例します。この値は使用温度における保磁力と残留磁束密度の大きさで決まります。（保磁力は発生している磁界を反転させるために必要な磁力、残留磁束密度は外部磁界がゼロの時に外部に漏れている磁束の単位断面積あたりの量に相当し、磁束が外部に漏れた状態を強固に維持する材料が永久磁石と理解できます。）

のが軟磁性材料かというと、それ単体では外部に強い磁界を発生せず、一見すると磁気的な性質を示さないが、磁石や電磁コイルなどで少しの磁界が作用するだけでたちどころに磁気分極*を生じ、強い磁石となる材料です。磁界に敏感に反応する性質と、強く磁気分極する性質を併せ持った材料ほど優れた軟磁性材料と位置づけられます。この性質を利用して主に電力変換や電磁ノイズ除去に用いられますが、身の回りの電気利用製品のほとんど全てに用いられると言っても過言ではありません。産業規模を見ると、軟磁性材料の製造量（使用量）は硬磁性材料の二〇倍以上にもなることから、省エネルギー化に向けた軟磁性材料の高性能化は必須と言えます。

代表的な軟磁性材料を機能観点から体系的にまとめたものが**図8−4**です。ここで、図中の飽和磁束密度*は発生可能な磁力の強さを意味し、機器の小型軽量化、あるいは大出力化に寄与する物理量です。他方の透磁率*は磁界応答性を意味し、軟磁性デバイスを高速磁界制御したときの追従性、さらにはエネルギー効率の高さに関係します。

歴史的には、古くは純鉄がそのまま使われてきましたが、時代の変遷とともに電気利用機器の高度制御や省エネルギー化（例えば前述のパワー半導体による）がなされるようになり、高い磁界応答性が求められるようになります。初期に見出されたのがソフトフェライト（MnZn系フェライト）やケイ素鋼（別名・電磁鋼またはFe-Si合金鋼）で、次いでセンダスト（Fe-Si-Al合金）やパーマロイ（Fe-Ni合金）、

磁気分極
磁性材料に外部から磁場をかけると、材料内部にたくさんあるミクロな磁石が整列します。（結果として、材料の表面には磁界方向に沿って磁束を発生する極が形成されます。）この状態を磁気分極と呼びますが、簡単には、砂鉄もくっつかない単なる鉄の棒が磁界の作用している間だけS極とN極を持つ棒磁石に変化するイメージです。

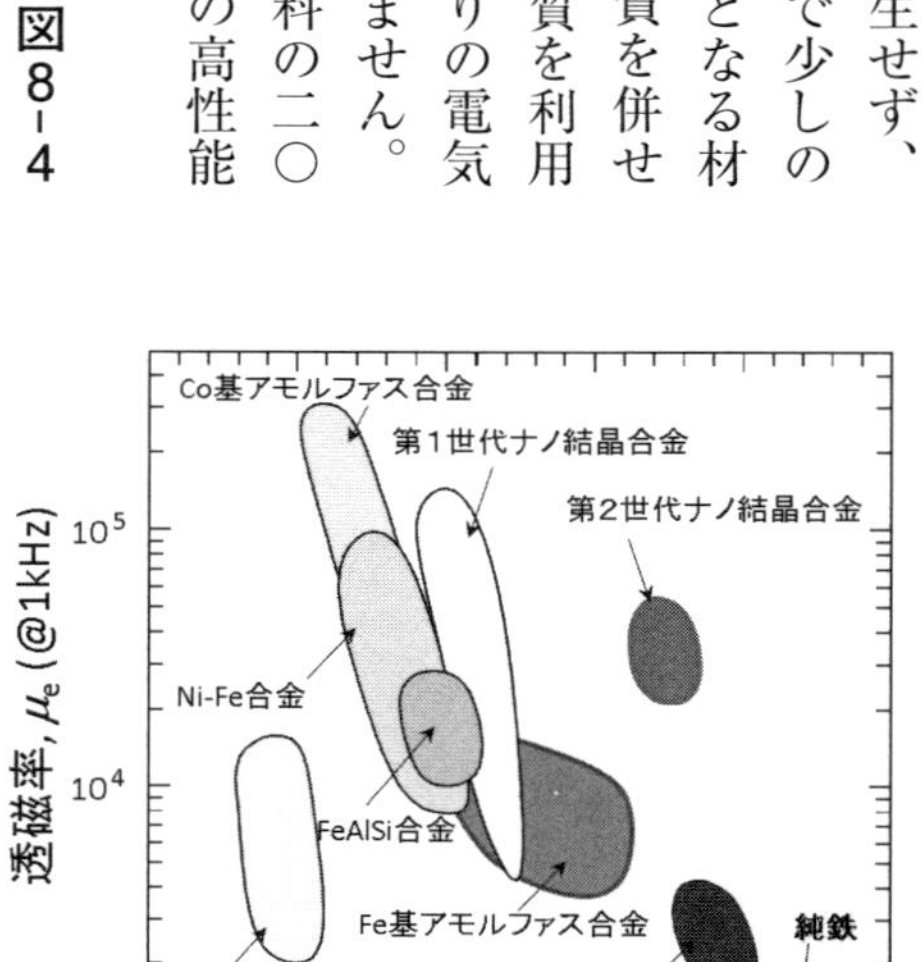

図8−4 軟磁性材料の種類とその特性（透磁率は1キロヘルツの応答で計測）

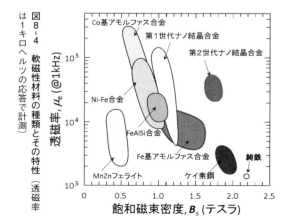

一九七〇年以降では非平衡*な物質相制御によるアモルファス系合金や第一世代のナノ結晶合金が開発され、実用化に至っています。図を見てわかるように、透磁率（応答性）の向上を図ると飽和磁束密度（出力）は低下する傾向があります。これは高透磁率を得るために純鉄に対して第二、第三の元素を添加する合金開発手法に起因しており、簡単に言うと磁性を有する鉄の濃度が希釈されるためと解釈できます。

こうして省エネルギー性能の高い軟磁性材料がたくさん見出され、実用化されてきましたが、現在の主流は未だにケイ素鋼で、軟磁性材料の中では九〇％以上のシェアがあります。ケイ素鋼はそこそこの磁界応答性ながらも高い飽和磁束密度を有しており、極めて安価であることが支持される理由です。パーマロイやセンダスト、非平衡材料はケイ素鋼と比べると高価なので、いくら省エネルギー性に勝るとしても、使用する機器の要求仕様がケイ素鋼で対応できない場合以外は用いられることは稀《まれ》です。

しかしながら電気利用機器の高度化は止まりません。社会の省エネルギー化にむけた動きも一層加速すると思われます。そのため、軟磁性材料の分野ではケイ素鋼を代替できるような、安価で高性能な材料が切望されています。近年では非平衡相由来の高い磁界応答性とケイ素鋼に匹敵する高い飽和磁束密度を両立させた安価な新素材（第二世代ナノ結晶合金）が見出され、実用化が期待されています。[7]

（久保田健）

飽和磁束密度
材料に外部から磁場をかけて完全な磁気分極状態になったときの単位断面積あたりの磁力に相当します。

透磁率
単位磁界あたりの磁気分極量に相当します。値の高い物質・材料ほど低外部磁界で高磁束密度が得られ、磁界応答性も高いことから、エネルギー効率を見積もる指標となります。

非平衡
熱力学的な用語で、ここではアモルファスとナノ結晶が非平衡相合金。一例として、アモルファス合金は溶融状態（一〇〇〇℃以上）から一秒間に一、〇〇〇、〇〇〇℃級の超急冷で室温域まで冷やすことではじめて作製できる。対してパーマロイやセンダストは、成分元素を混ぜて溶かして、室温域までゆっくり冷やしても作製できる平衡相合金。

もっと詳しく知りたい人へおすすめの書籍

〜パワー半導体に関して

① 電気学会高性能パワーデバイス・パワーIC調査専門委員会編『パワーデバイス・パワーICハンドブック』コロナ社、一九九六年

② 荒井和雄・樋口登「新規半導体（SiC, GaN）のパワーエレクトロニクスへの展開（寄稿）」『季報・エネルギー総合工学』Vol.29、No.3、二〇〇六年、五一-五八頁（財団法人エネルギー総合工学研究所）

〜磁性材料に関して

① 近角聰信『強磁性体の物理（上）—物質の磁性—』裳華房、一九七八年

② 日本金属学会『磁性材料—基礎から先端材料まで—（講座・現代の金属学　金属工学シリーズ第8巻）』丸善出版、一九七七年

参考文献

1 資源エネルギー庁「第二部 第一章 第一節　エネルギー消費の動向」『平成二七年度エネルギー白書』二〇一五年五月（オンライン）

2 資源エネルギー庁「トップランナー制度〜世界最高最高の省エネルギー機器等の創出に向けて（パンフレット）」二〇一五年三月（オンライン）

3 資源エネルギー庁「トップランナー機器の現状と今後の対応に関する整理（案）について」（総合資源エネルギー調査会省エネルギー・新エネルギー分科会省エネルギー小委員会 第9回配布資料4）二〇一五年一月二〇日（オンライン）

4 資源エネルギー庁『省エネ性能カタログ二〇一五年冬版』二〇一五年十二月（オンライン）

5 資源エネルギー庁「トップランナー機器の現状と今後の対応に関する整理について」（総合資源エネルギー調査会省エネルギー・新エネルギー分科会省エネルギー小委員会 第16回配布資料2-3）二〇一五年十二月十五日（オンライン）

6 財団法人エネルギー総合工学研究所「平成21年度省エネルギー設備導入促進指導事業報告書」（資源エネルギー庁、エネルギー消費機器実態等調査事業）二〇一〇年三月（オンライン）

7 T. Kubota. A. Inoue and A. Makino "Low core loss of Fe85Si2B8P4Cu1 nanocrystalline alloys with high Bs and B800", *Journal of Alloys and Compounds*, Vol.509, 2011, S416-S419

第九章　エネルギーの貯蔵・輸送

エネルギーを蓄えたり運んだりすることは、通常エネルギー損失を伴います。それにもかかわらずこれらの技術が必要とされるのは、エネルギーの供給と需要の間に時間的・空間的ずれがあるからです。本章ではエネルギー貯蔵・輸送技術について紹介しますが、関連技術である燃料電池と水素についても簡単に触れることにします。

エネルギー貯蔵・輸送の必要性

太陽熱を夜も使おうと思うと、太陽熱で温めた温水を昼の内にタンクに蓄えておくなどの必要があります。太陽光発電や風力発電は日射や風速の変動によって出力が大きく変動しますので、独立したシステムでは電力を貯蔵し需要に合わせて使用することが不可欠になります。また、このような変動電源が系統に連系された場合には、周波数や電圧を一定に保つことが難しくなってしまいます。もちろん、火力発電の出力を変動させたり、電力が足りなくなってきたときに消費者の需要を抑制するデマンドレスポンスを行ったりすることにより、ある程度周波数や電圧の調整が可能です。しかし変動電源の量が増えるにしたがって、バッテリー（定置型およびプラグインハイブリッド車）等による電力貯蔵や、エコキュートのような熱機器による余剰電力の吸収による需給調整の必要性が増してきます。

一方、水素と酸素を電気化学的に反応させて発電する燃料電池は、エネルギーシステムの観点から大変ユニークな存在です。水素という燃料そのものがエネルギーを化学エネルギー*の形で貯蔵しており、また小規模でも低負荷でも効率がよいという特徴があります。このため需給の状況に合わせた柔軟な運転や災害時の電源としての活用が可能となるのです。

ところで島国で資源の乏しい我が国には、資源国から石油や天然ガス、核燃料等の一次エネルギーが船で運ばれて来ます。ガスはそのままパイプラインやボンベで消費者に届けられますし、電気は電力系統により送配電されています。地域冷暖房では温水と冷水がパイプラインで運ばれています。このようなシステムは我が国ではすでにでき上がっていますが、さらに長距離の電力輸送には新たな技術開発が必要です。超電導送電やマイクロ波送電などの研究開発が進められています。

燃料電池の燃料として使用される水素は、一次エネルギーから作られる二次エネルギーです。同じく二次エネルギーである電気が電力系統により送配電され広く利用されているのと同様に、水素を日常の生活や産業活動で利活用する「水素社会」を目指そうという動きが加速しています。平成二八年三月には「水素・燃料電池戦略ロードマップ改訂版」[1]が取りまとめられました。現在水素の製造、輸送、利用に関する様々な技術開発と水素ステーション等のインフラ整備が着々と進められています。電力と水素、そして熱のネットワークを統合し、災害にも強い低炭素社会を実現したいものです。

化学エネルギー
物質は分子が化学結合することによってできています。化学結合によって物質に蓄えられたエネルギーが化学エネルギーです。電池の充電は電池内部の物質が電気エネルギーを吸収して、より高い化学エネルギーを持つ物質に変化する現象です。

様々なエネルギー貯蔵・輸送法

（1）エネルギー貯蔵

エネルギー貯蔵法には**図9-1**に示すように電力や熱を貯蔵する様々な方法があり、通常エネルギー形態の変化を伴います。例えば二次電池の場合、充電は電気エネルギーを化学エネルギーに変換し、放電はその逆のプロセスとなります。

化学ヒートポンプは熱エネルギー→化学エネルギー→熱エネルギーの変換プロセスにより、高温熱や冷熱*を作り出すものです。超電導電力貯蔵は電気抵抗のない超電導マグネットに電流を流すことにより電気を蓄える方法です。圧縮空気貯蔵は、余剰電力により圧縮しておいた空気を地下空間などに貯蔵しておき、ガスタービン発電に使用します。

電力を貯蔵し電力として取り出すエネルギー貯蔵を電力貯蔵と言いますが、最も古くから使われている電力貯蔵法は揚水発電所です。その効率はおおよそ七〇%ですので、新型の電力貯蔵装置はそれ以上の効率が求められています。これらの電力貯蔵装置は発電所、変電設備、需要家のいずれの場所にも設置することができます（**図9-2**）。電気温水器やビル用の氷*蓄熱は電力を熱に換えて貯蔵し熱として使う貯蔵法ですが、広義の電力貯蔵と言うことができるでしょう。

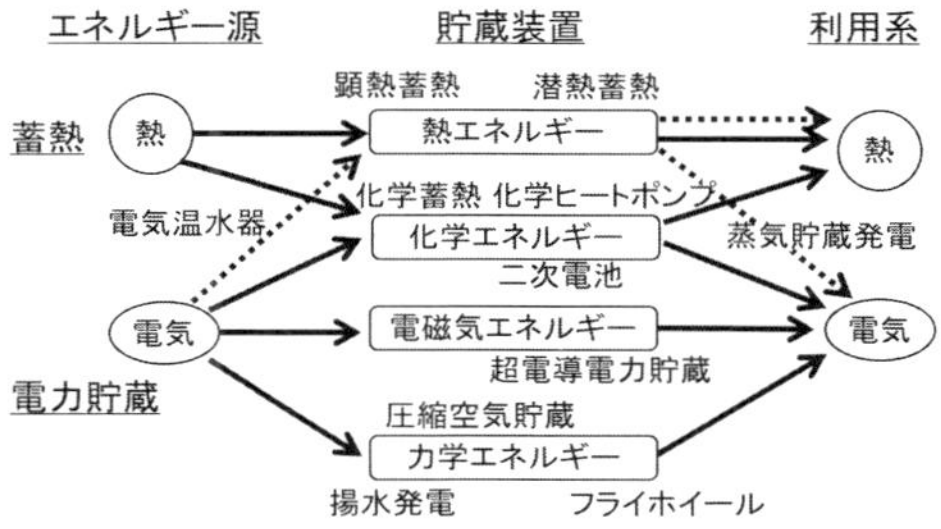

図9-1　様々なエネルギー貯蔵法におけるエネルギー形態変化

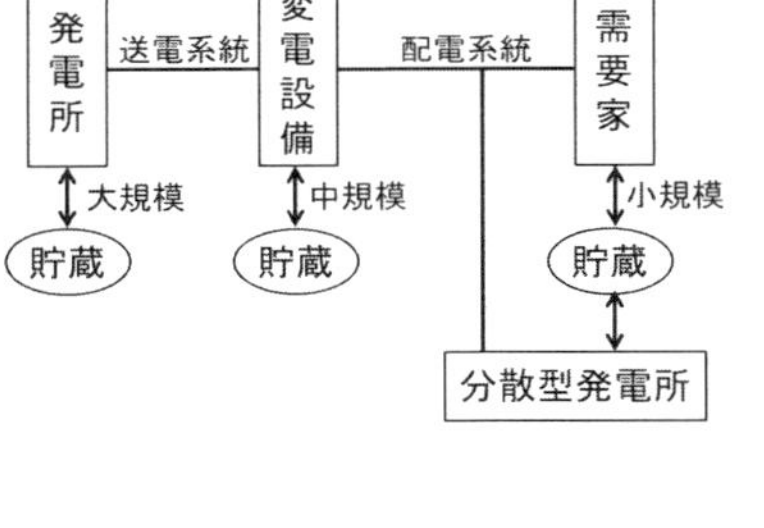

図9-2　電力貯蔵装置の設置形態

冷熱
環境温度より低温の熱源のことです。冷房や冷凍に使われます。

氷蓄熱
氷の融解・凝固に伴う潜熱を利用する蓄熱法。例えば深夜電力で冷凍機を運転して氷を作り、氷の冷熱を昼間の冷房に使います。

エネルギーの貯蔵法はそれぞれ特徴があり、例えば**図9-3**のように、エネルギー密度や使用される規模が異なります。

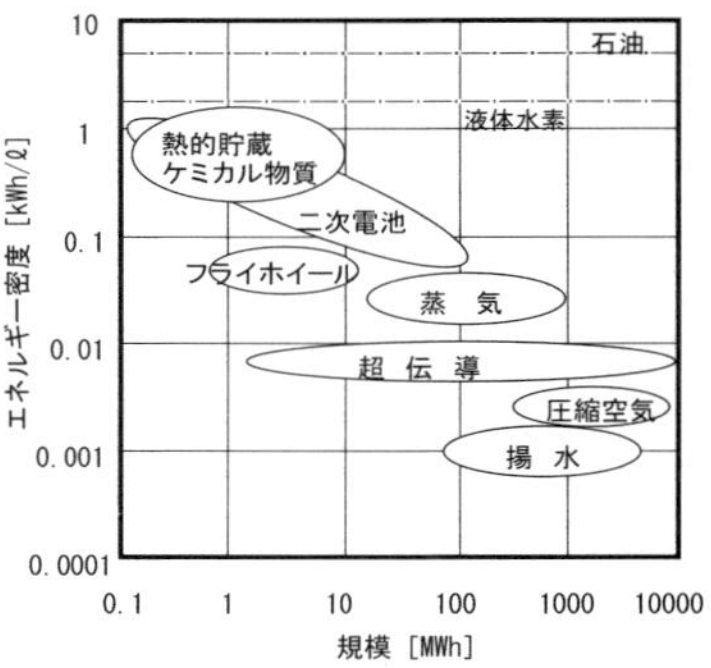

図9-3　エネルギー貯蔵法の規模とエネルギー密度

（2）エネルギー輸送

図9-4は熱と電気の輸送の形態を概念的に表したものです。通常、電気は架空線やケーブルを用いて送電します。長距離の送電には直流送電が用いられることがあり、また超電導ケーブルによる送電の技術開発も進行中です。いずれにせよ、有線送電の場合もマイクロ波等による無線送電の場合も物質の移動は伴いません。

これに対し、熱を輸送するには何らかの物質を輸送します。したがって少なくとも輸送する間は熱エネルギー（顕熱、潜熱）または化学エネルギーの形で蓄熱していなくてはなりません。後者をケミカル物質による熱輸送あるいは化学ヒートパイプなどと呼びます。ケミカル物質は電気を用いて製造することもでき、この場合はケミカル物質が電力を輸送していることになります。ケミカル物質はパイプラインあるいはタンカーや自動車等で輸送します。このように、エネルギー輸送もエネルギー変換・貯蔵を伴うことが多いと言えます。

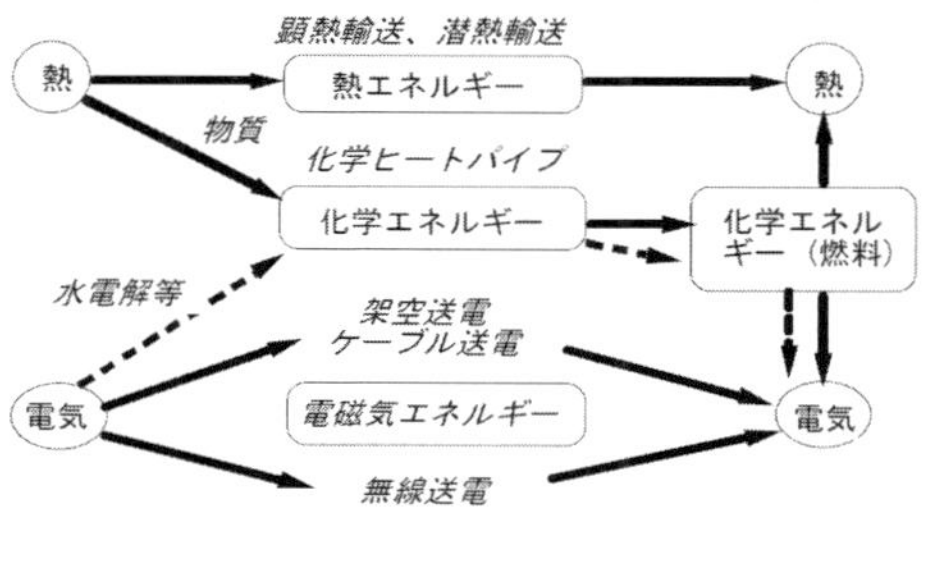

図9-4　様々なエネルギー輸送法と輸送時のエネルギー形態

顕熱蓄熱と潜熱蓄熱

熱を貯蔵する代表的な方法は、顕熱蓄熱*と潜熱蓄熱*です。最も広く普及している顕熱蓄熱は、水の温度上昇を利用する温水器や蒸気アキュムレータです。水は高温になると蒸気圧が非常に高くなるため、二五〇℃以上では、有機熱媒体（油）や溶融塩が使用されます。一九八一年に通産省（当時）のサンシャイン計画で開発された二基の太陽熱発電パイロットプラント（各一〇〇〇キロワット）では、溶融塩顕熱蓄熱と溶融塩潜熱蓄熱が用いられました（**図9-5**）。この太陽熱発電ですが、最近日射の強い砂漠や地中海沿岸で再び注目を集めており、ここでも集熱・蓄熱には溶融塩が用いられつつあります。

一方、潜熱蓄熱は蓄熱密度が高く装置をコンパクト化できる利点があり、その代表例は氷蓄熱です。余剰電力により氷を作り、その冷熱で地域冷房が行われています。小規模なものとしては、冷凍庫で固化（冷却）する保冷パックやコードレスアイロンなどがあります。保持したい温度の近辺に相変化温度を持つ潜熱蓄熱材料を建材と一体化したり、ビニールハウスや温室に潜熱蓄熱体を設置することにより、冷暖房負荷を低減する試みも行われつつあります。排熱を潜熱蓄熱体[2]に蓄え、トラックや船で熱エネルギーの消費地に運ぶバッチ式の熱輸送の試みもみられます。

二次電池と水素・燃料電池

二次電池と燃料電池はともに「電池」という言葉が使われていますが、その目的は異なります。二次電池は電気を蓄える装置であるのに対し、燃料電池は発電装

顕熱蓄熱・潜熱蓄熱
物質が熱エネルギーをもらったときに温度が変化するときには顕熱（熱が顕れるという意味）、しないときには潜熱（熱が潜むという意味）と呼びます。物質の相状態が変化するとき（たとえば、氷が水になるとき）には温度が変化しませんので、潜熱となります。一方、物質の温度上昇を伴う蓄熱法のことを顕熱蓄熱と呼びます。物質の相変化を用いる蓄熱法のことを潜熱蓄熱と呼びます。

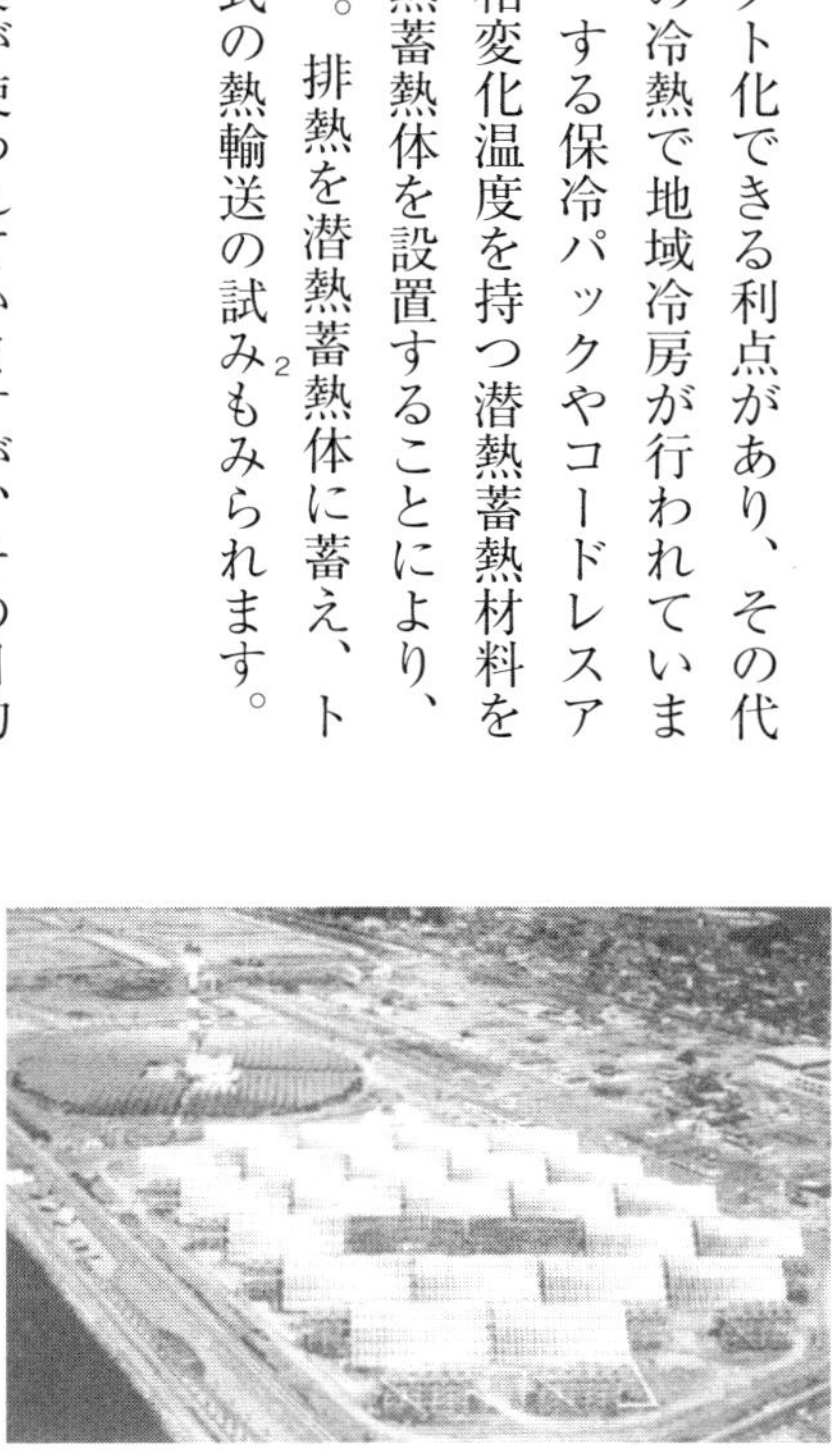
図9-5　太陽熱発電システムの例

図9-6　二次電池と燃料電池の原理図

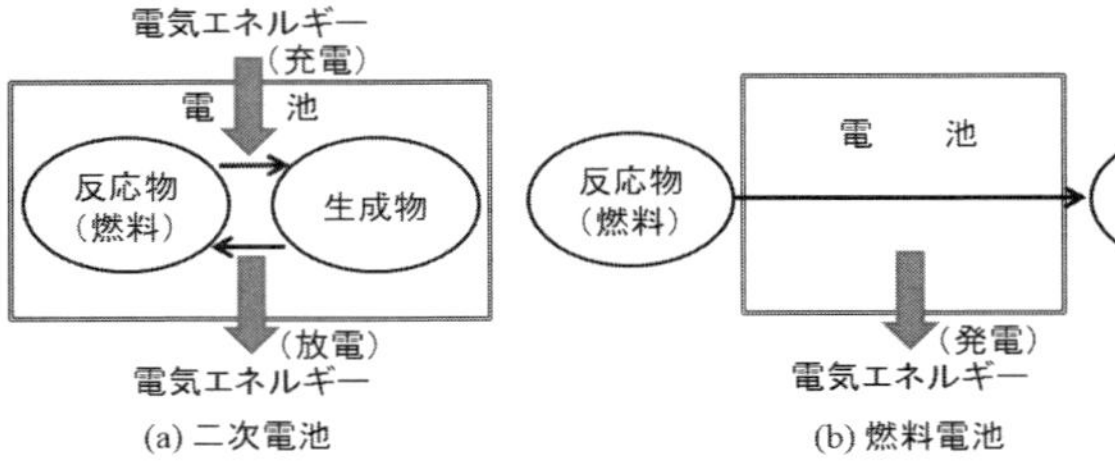

置です。ともに電気化学反応を利用しますので、この二つの電池を対比して原理を説明しましょう（**図9-6**）。二次電池は充電時、反応物に電気エネルギーを与えることによってこれを生成物に変換します。逆に生成物が反応物に戻るときに放電します。よく知られた二次電池では主に反応物と生成物が電池の中に入っており、反応物の種類によって、ニッケル水素電池やリチウム電池、*ナトリウム硫黄電池などの名前で呼ばれています。小規模な定置型システムや電気自動車には、エネルギー密度の高いリチウム電池やニッケル・水素電池が用いられています。これに対し大規模な定置型システムには、ナトリウム硫黄電池、*レドックスフロー電池、*鉛蓄電池等が用いられています。

水素を燃料としている燃料電池の場合は燃料（水素）を外部から供給し、電気エネルギーを発生（発電）すると同時に生成物（水）を外部に放出します。二次電池もそうですが、電池の内部には正極と負極の間に電解質という、電子を通さずイオンだけを通す物質が置かれています。この電解質の種類によって、*アルカリ形燃料電池、*固体高分子形燃料電池、*溶融炭酸塩形

ナトリウム硫黄電池
負極に溶融ナトリウム、正極に硫黄、電解質にセラミックスのベータアルミナ（ナトリウムとアルミニウムの複合酸化物）等を用いる高温で動作する二次電池。

レドックスフロー電池
一般の二次電池と異なり、電池反応（レドックス（酸化還元）反応）を起こす一対の物質（バナジウムの溶けた硫酸水溶液など）をセル外部に蓄え、ポンプで循環（フロー）させセル内で反応させることによって、電池動作をするデバイスです。

鉛蓄電池
古くから使われているもっとも代表的な二次電池。負極に鉛、正極に二酸化鉛、電解液に硫酸の水溶液を用いています。

アルカリ形燃料電池
電解質にアルカリ（濃厚水酸化カリウム水溶液）を用いる低温で作動する燃料電池。アポロ宇宙船で用いられました。

燃料電池、*固体酸化物形燃料電池（セラミックス製）などの名称で呼ばれています。

発電装置としての燃料電池の最大の特徴は、熱機関ではないために小規模でも効率が高いということです。通常の熱機関では、理論最大効率であるカルノー効率（$1-T_L/T_H$：T_H は高温側熱源温度、T_L は低温側熱源温度）に近づけるために、高温側（運転温度）をなるべく高くして発電効率を向上させようとします。火力発電の歴史は、運転温度の高温化という技術開発の歴史でもあります。高温の運転温度の実現には、大きな発電システムの構築が必要です。

小規模でも効率の高い燃料電池は分散発電に向いていて、熱需要のあるところでは熱電併給（コジェネレーション）を行うことができますし、需要に合わせた柔軟な運転が可能です。定置型の家庭用燃料電池には固体高分子形が主流ですが、より高効率な固体酸化物形も市場に出つつあります。固体高分子形燃料電池を用いる燃料電池車も徐々に普及し始めました。

水素は燃焼しても水しか発生せず二酸化炭素を発生しませんので、使用時は極めてクリーンなエネルギーです。しかし水素は電気と同じく二次エネルギーですから、水素をどの一次エネルギーから製造するかによって、環境負荷は大きく異なってきます。現状では工場からの副生水素*を用いたり化石燃料から製造したりすることが多いのですが、将来的には再生可能エネルギーからの製造も期待されています。燃料電池・水素は低コスト化や水素のインフラ整備等の課題はあるものの、将来のエネルギーネットワークにおいて、様々な役割を果たすことが可能なユニークな存在です。

固体高分子形燃料電池
電解質に固体高分子を用いる九〇℃程度で作動する燃料電池。家庭用コジェネレーション（熱電併給）や燃料電池車に用いられています。

溶融炭酸塩形燃料電池
電解質に溶融炭酸塩を用いる六五〇℃程度で作動する燃料電池。中規模なコジェネレーションシステムなどに用いられています。

固体酸化物形燃料電池
電解質に酸化物セラミックスを用いる高温動作（たとえば、イットリア安定化ジルコニアの場合には九〇〇℃程度）の燃料電池。発電効率が高く、廃熱温度も高いことから高いエネルギー効率が得られます。

副生水素
製鉄所や化学工場から副産物として出てくる水素。たとえば塩化ナトリウム水溶液を電気分解して水酸化ナトリウムと塩素を作るときに水素も発生します。

宇宙太陽発電とマイクロ波送電

一九六八年に米国のピーター・グレーザーがSPS（太陽発電衛星）の特許を取得し、一九七〇年代から八〇年代にかけて、NASA（米国航空宇宙局）とDOE（エネルギー省）が有名な調査研究[3]を行い、SPSが広く知られるようになりました。SPSシステム（**図9-7**）は、地上三六、〇〇〇キロメートルの静止軌道上に太陽光発電所を置き、直流電力をマイクロ波に変換し地上に送電するシステムです。地上ではマイクロ波を受電し、最終的には交流電力に変換し電力系統により送配電されます。マイクロ波は太陽日射より弱いエネルギー密度で送電されますので、広大な受電面積が必要となりますが、受電するレクテナ*は非常に隙間の多い構造ですので、その下を有効利用することも可能です。静止軌道では年間のほとんどの時間安定した強い日射が得られるため、SPSはベース電源として利用できるという大きな利点を持っています。我が国でも通産省（当時）が一九九〇年代に地球温暖化防止のための将来技術として調査研究を行いました[4]。現在のところまだ要素技術の研究段階ですが、マイクロ波送電について着実に研究開発が進められています。

本章では宇宙太陽発電との関連でマイクロ波送電について紹介しましたが、マイクロ波送電自体は、原子力施設や災害時に活動するロボットへの給電、災害時の情報収集やデータ中継に利用する無人飛行機や無人ヘリコプターへの給電等、様々な応用分野が考えられています。

（伊高健治、神本正行）

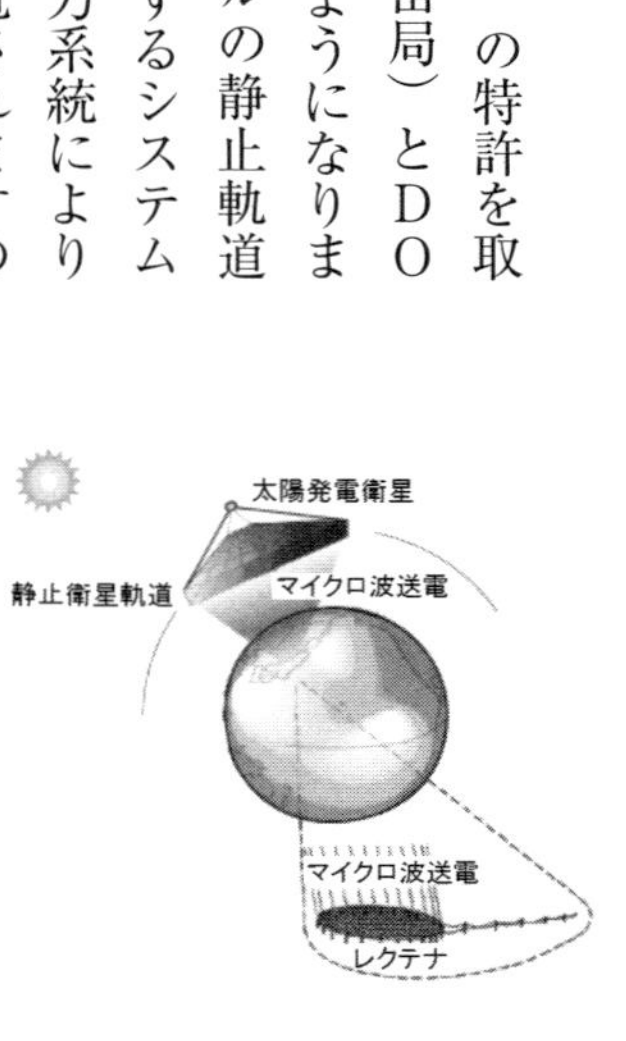

図9-7　太陽発電衛星（SPS）システムの概念図

レクテナ
アンテナに整流回路が直接組み込まれたもので、吸収した空中の電波（高周波）を直流に整流し、電力として取り出せる装置デバイス。

参考文献

１　水素・燃料電池戦略協議会「水素・燃料電池戦略ロードマップ改訂版」二〇一六年三月二二日（オンライン）
２　例えば「熱の宅配便トランスヒートコンテナ」、三機工業株式会社ホームページ
３　DOE/NASA "Program Assessment Report, Statement of Findings-Satellite Power Systems Concept Development and Evaluation Program", DOE/ER-0085, 1980
４　三菱総合研究所「太陽光発電システム実用化技術開発　光熱ハイブリッド型太陽光発電システムの研究開発　宇宙発電システムに関する調査研究」『平成五年度新エネルギー・産業技術総合開発機構委託業務成果報告書』一九九四年

第四部
エネルギーが近未来の景色を変える
～寒冷地からの変革～

第十章　次世代自動車

次世代自動車のあり方

地球環境保全のためには二酸化炭素（CO_2）削減が必要です。日本においては総CO_2排出量の一〇分の一強が自家用車によります。青森県には約一〇〇万台の自家用車があり、ほとんどが「コンパクトカー」です（軽自動車が大半を占めます）。「コンパクト」とは小型で低価格の意です。青森県におけるように、地方では「コンパクトカー」が生活の基盤を支えており、この状況は今後四半世紀以上にわたって変わらないと思われます。一方、石油燃料は枯渇してきており、ガソリンの値段は上がっていく傾向です。電気代もしかりです（特に東日本大震災以降、顕著）。

このような状況を打開するにはどうすればよいのでしょうか。ハイブリッド電気自動車（HEV）はこの答えなのでしょうか。HEVはガソリンを消費するし、CO_2を出します。それでは電気自動車、電池を積んでいてモーターで走る車（EV）はどうでしょうか。究極のエコカーとしてEVが市場投入されていますが、値段・性能・利便性の面で北国の庶民の足となるには乖離《かいり》があります。寒冷・積雪時期には暖房・四輪駆動・ある程度の航続距離が必須です。私たちは（北国には賦存量の多い）バイオメタンガス（以下バイオガス）に着目し、付加的なエネルギー源として、バイオガスエンジン発電機を搭載し、モーターで走る車を検討していま

トルク
回転させる力のこと。エンジンやモーターは（出力）軸が回転して車輪を回します。単位はニュートンメートル（Nm）です。軸に長さ一メートルの腕を付けて腕の先端に一ニュートン（約一〇〇グラム重）の力を加えたときのトルクの大きさが一Nmです。

回生
再度利用できるエネルギーに戻すこと。ここでは、走行している車の運動エネルギーを発電機で電気エネルギーに変換して回収し、バッテリーに蓄えることを指します。また回生中は運動エネルギーが減少してゆくため車は減速することから、ブレーキの役割を担うことができます。

す。バイオガスエンジン発電機により暖房と電池充電を行います。電池搭載量を減らせるので低コスト化が図れます。

天然ガス、都市ガスの主成分はメタンです。メタン発酵、すなわちメタン菌による有機物の分解によりバイオガスが得られます。牧場等におけるバイオガスプラントでは有機物は家畜の糞尿です。下水処理場におけるそれは下水汚泥です。バイオガスにおけるメタン濃度は約六〇％ですので、高濃度化および精製したバイオガスをメタンガスエンジンの燃料として使います。最初の段階では、天然ガスまたは都市ガスを利用し、次ステップでバイオガスを使うことにしています。バイオガスは再生可能エネルギーであり、地方に豊富でカーボンニュートラルです。

車のエネルギー消費について

ガソリンエンジンと永久磁石同期モーターの効率マップを[1]**図10－1**に示します。エンジンにも高効率な領域（約三〇％）があります。モーターはほぼ全域で九〇％以上の高効率です。電気で動く車、すなわちモーター駆動の車はエンジン駆動車に比べて高効率なのです。モーターの*トルクは**図10－1**に示されているように低速回転において大きいので、ギアチェンジ不要です。エンジンと比べると、モーターには高効率であること、低速回転で高トルクであること以外にも優れた利点があります。トルク応答が俊敏である点、モーターのブレーキトルクにより減速することで運動エネルギーの大部分を電気エネルギーに*回生できる点です。

車の総合効率を[2,3]**図10－2**に示します。ウェルツーウィール（well to wheel）での

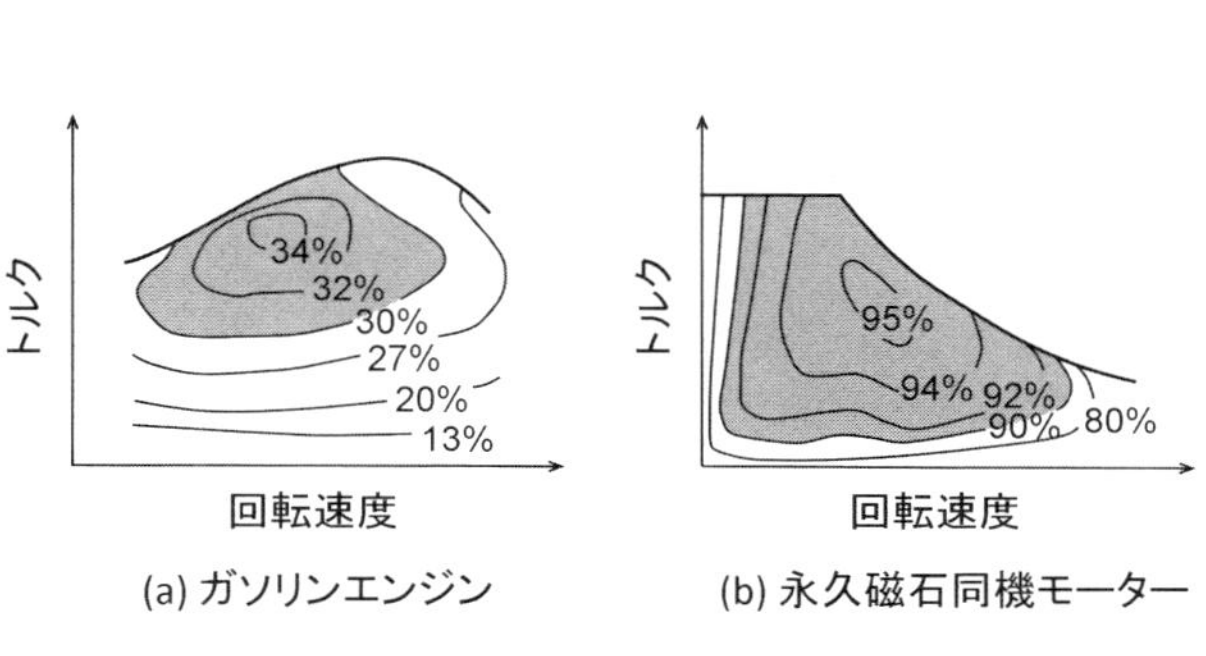

図10－1　エンジンとモーターの効率（1より改変して転載）

エネルギー効率、すなわち石油を採掘し精製し、車で消費するまでの総合効率で、10・15モード*（10・15 mode）における一キロメートルあたりの入力エネルギーです。入力エネルギーは二酸化炭素排出量に比例します。エンジンとモーターの両方を使って駆動する車がHEVであって、**図10-2**に示されているようにエンジン駆動車に比べて約五〇％良燃費です。それはモーターの優れた特性に基づいています。最近一五年以上にわたるHEVの普及は二酸化炭素削減に貢献しています。EVの入力エネルギーは主に電気の製造エネルギー分です。

EVのエアコン使用時における航続距離[4]を**図10-3**に示します。エアコンを使用すると航続距離が短くなり、暖房の場合には特に短くなってしまいます。**図10-4**は車の熱負荷と所要パワーの関係[5]を示しています。フロントガラスの内側は私たちの体から出る湿気、主には呼気により曇り、視認性が落ちます。したがって暖房時には外気取り入れモードにする必要があります。コンパクトカーの場合、外気温〇℃では暖房のために三～五キロワットの電力が消費されます。ちなみに三～五キロワットの電力は日本における私たちの家庭一戸で利用している全電力と同程度の大きさです。**図10-5**は各種燃料のエネルギー密度を示しています。[2,6] 液体燃料が優れており、ガス燃料はそこそこに良く、バッテリーは小さい。リチウムイオン電池のエネルギー密度はガソリンの五〇分の一以下です。したがってEVは前述のように大量の電池を積むことになりコストが嵩《かさ》みます（同じ性能のエンジン車に比べて約二倍）。NEDOのロードマップによれば、二〇五〇年での電池の性能は現状の七倍となっています。[7] すなわち、二〇五〇年

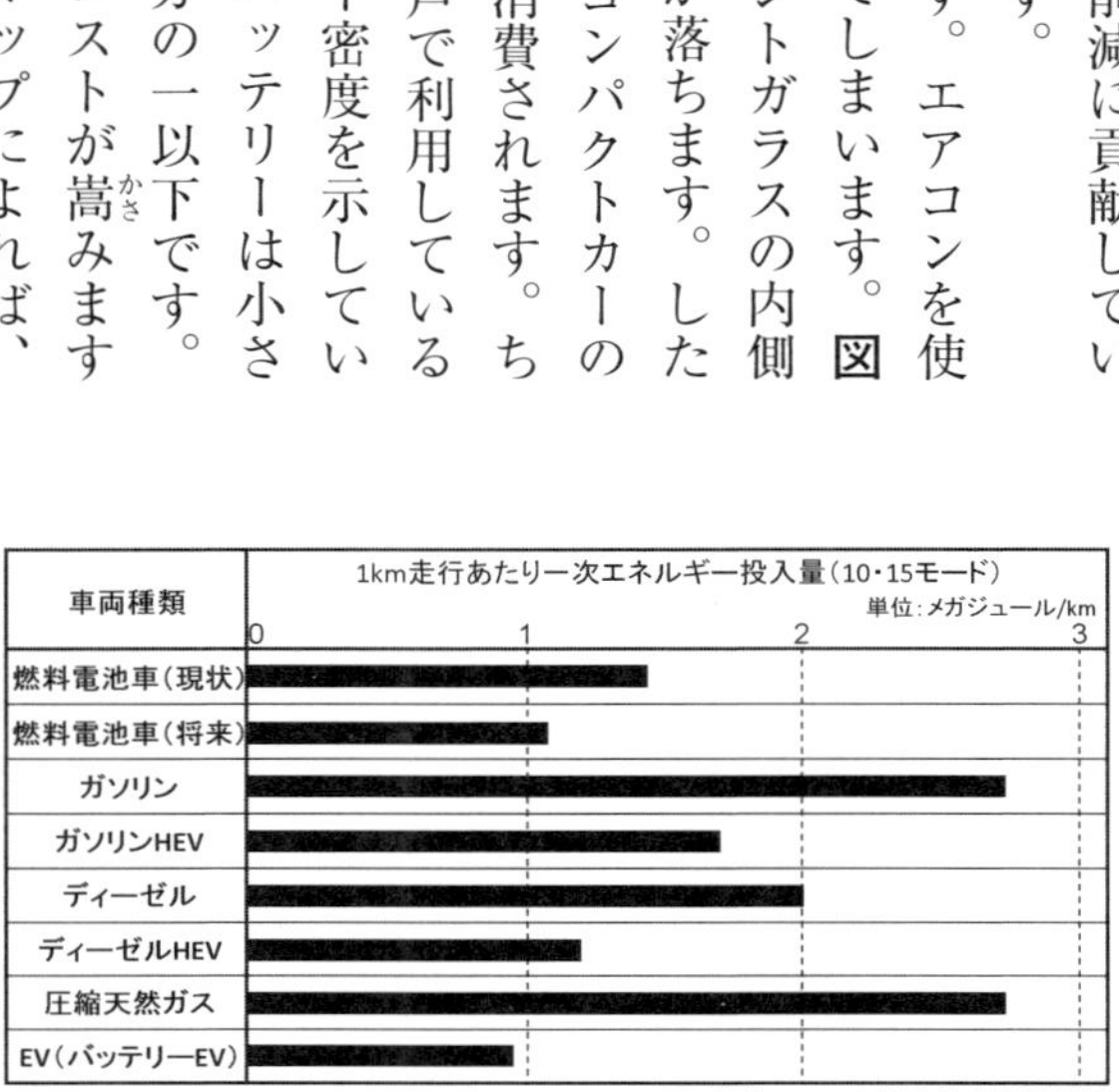

出典：JHFC総合効率検討結果

図10-2 各種自動車のエネルギー効率（2、3より転載）

***10・15モード** 車のカタログに記載されている燃費（一リットルで何キロメートル走るか）を評価するための走行モードの一つであって、市街地と郊外を模したそれぞれ10と15の走行パターンを組み合わせた評価方法。二〇〇八年からはより実走行パターンに近いＪＣ０８モードが採用されています。

でも図10-5のグラフに示す大小関係はほとんど同じということです。

エンジン車と電気自動車のエネルギー消費[8]を図式的に示したのが図10-6です。EVの熱損失は小さく、エンジン車のそれは大きく、燃料のエネルギーの約六〇%です。しかしながら、寒冷積雪期、熱損失は融雪・融氷には役立っている

RH（図10-4中）　相対湿度（Relative Humidity）のこと。ある温度の大気中に含まれる水蒸気量（重さ）をその温度での飽和水蒸気量で割った割合。飽和水蒸気量は気温により増減します。相対湿度一〇〇%の場合、大気中の水蒸気量が飽和し、結露が発生します。

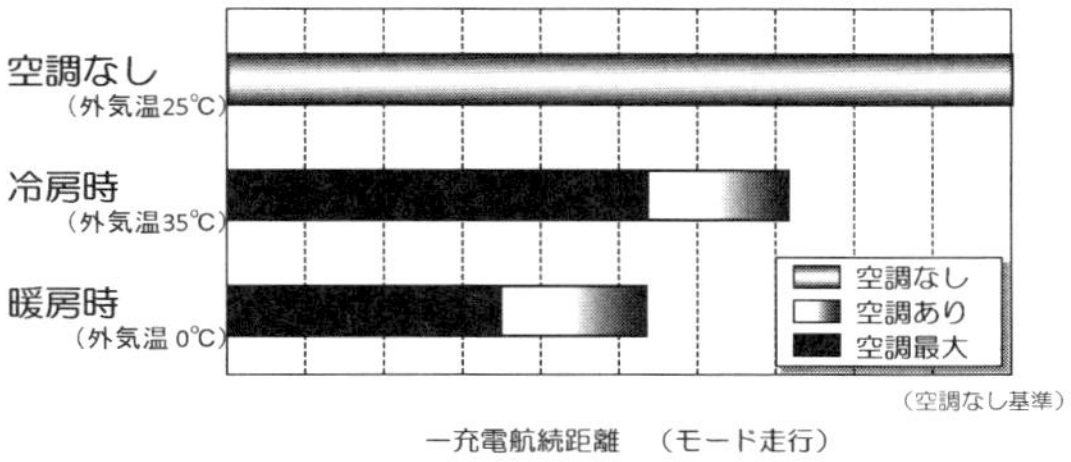

図10-3　エアコン使用時の電気自動車の航続距離
（4より改変して転載）

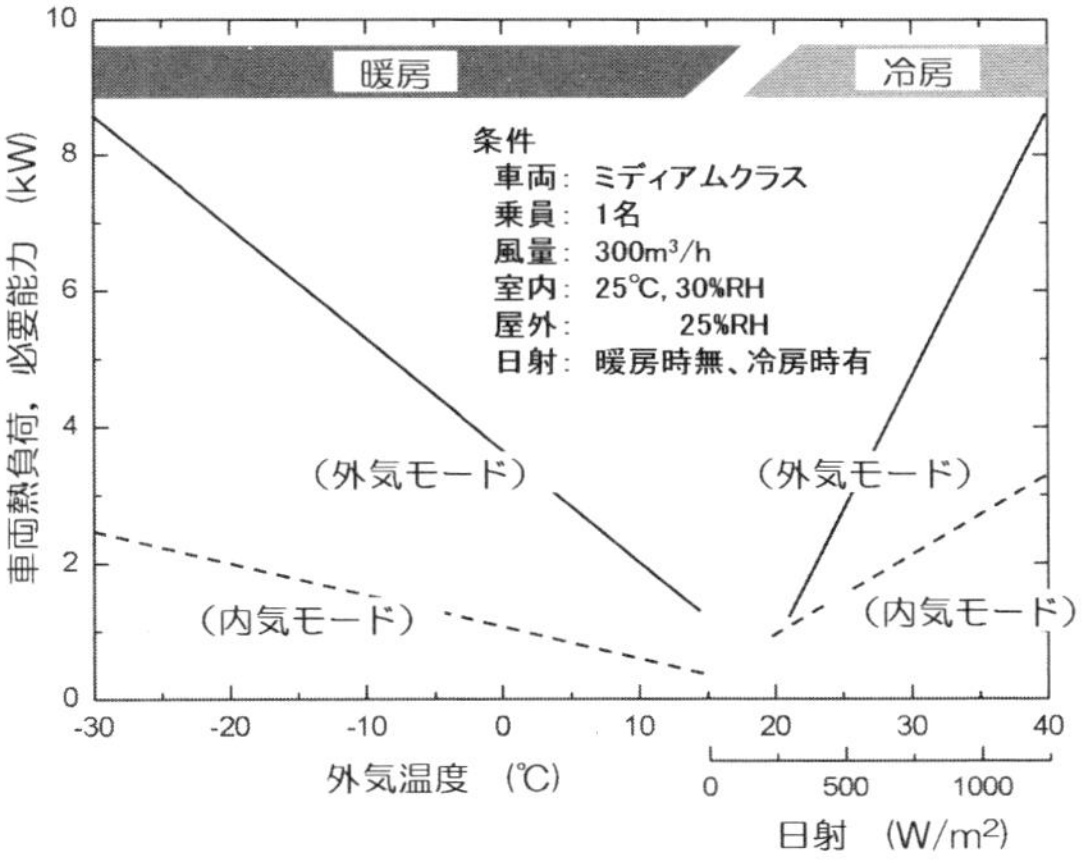

図10-4　車の熱負荷と所要パワーの関係
（5より改変して転載）

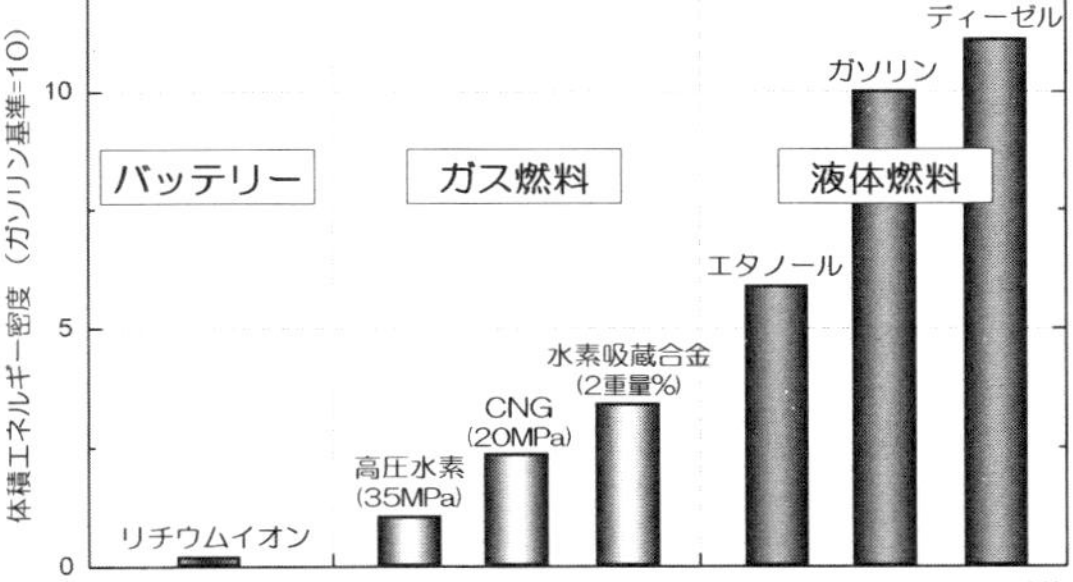

図10-5　燃料のエネルギー密度
（2、6から改変・編集して転載）

のです。

車の走行エネルギーを計算した結果を[9]**図10-7**に示します。加速に要するエネルギーが六〇%、転がり抵抗が二四%、空気抵抗が一六%です。転がり抵抗が二倍になった場合、例えば雪で覆われた路面を走行するような場合、走行に要するエネルギーは約三〇%大きくなります（したがって航続距離は短くなります）。エネルギー回生ありの走行では約五〇%走行エネルギーが小さくなります。この結果は前述した実際のＨＥＶの性能と一致しています。

寒冷地向け電気自動車

寒冷地向け電気自動車には、バイオメタンガスエンジンを付加的なエネルギー源として搭載するのが最適解と考えています。エンジンから排出される二酸化炭素はカーボンニュートラルであり、エンジンで発電しモーターで走行するとともに電池充電も行います。またエンジンからの熱はエアコンと融雪・融氷に使います。搭載電池量は最小化できるので、コストを下げることができます。もちろん十分なバイオガスを搭載する必要があります。**図10-8**に提案車のパワートレイン（駆動系）を示します。[9] 寒冷・積雪地域では四輪駆動も必須です。e-四駆（e-4WD）は日産自動車で開発された電動四輪駆動システムです。前輪がすべったときに、後輪がモーターで回ります。

提案車の毎時五〇キロメートル一定速、平地走行におけるパワーフローを**図10-9**に示します。[9] ガスエンジンは高効率な回転数（回転速度一定にて）で発電機

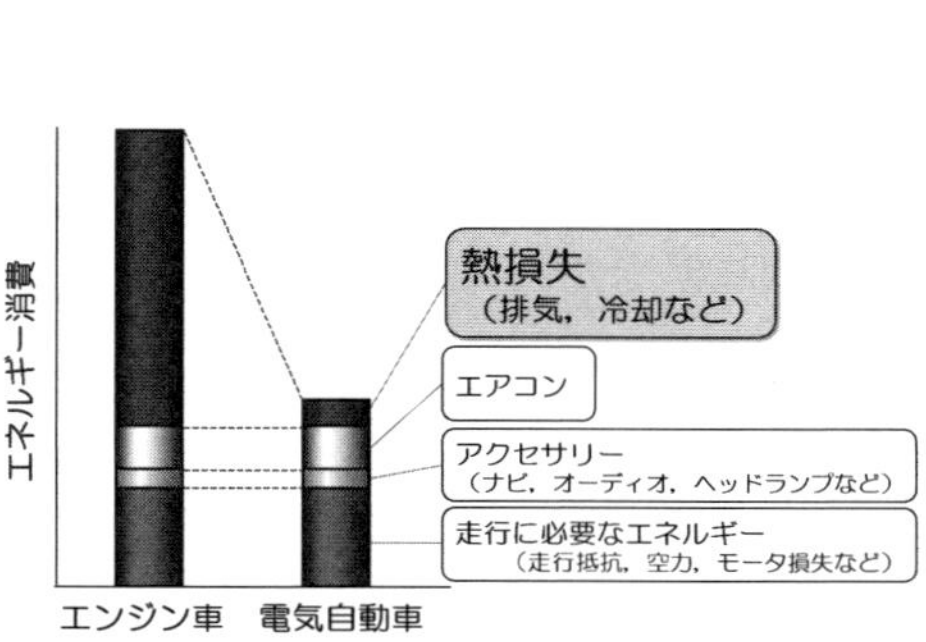

図10-6　エンジン自動車と電気自動車のエネルギー消費（8より改変して転載）

（三キロワット）を駆動します。エンジンは最大負荷の三分の二で運転します。比較的小さな容量のエンジンでよく、排ガスは比較的クリーンであって、エンジンの寿命も延びます。発電した電力で駆動モーター（前輪駆動で二〇キロワット）を動かします。毎時五〇キロメートル一定速、平地走行の場合の電力は約二・五キロワットなので、余った電力は電池充電にまわします。エンジンからの（三キロワット以上の）熱はヒーティングに有効活用します。加速はバッテリーからの電力を

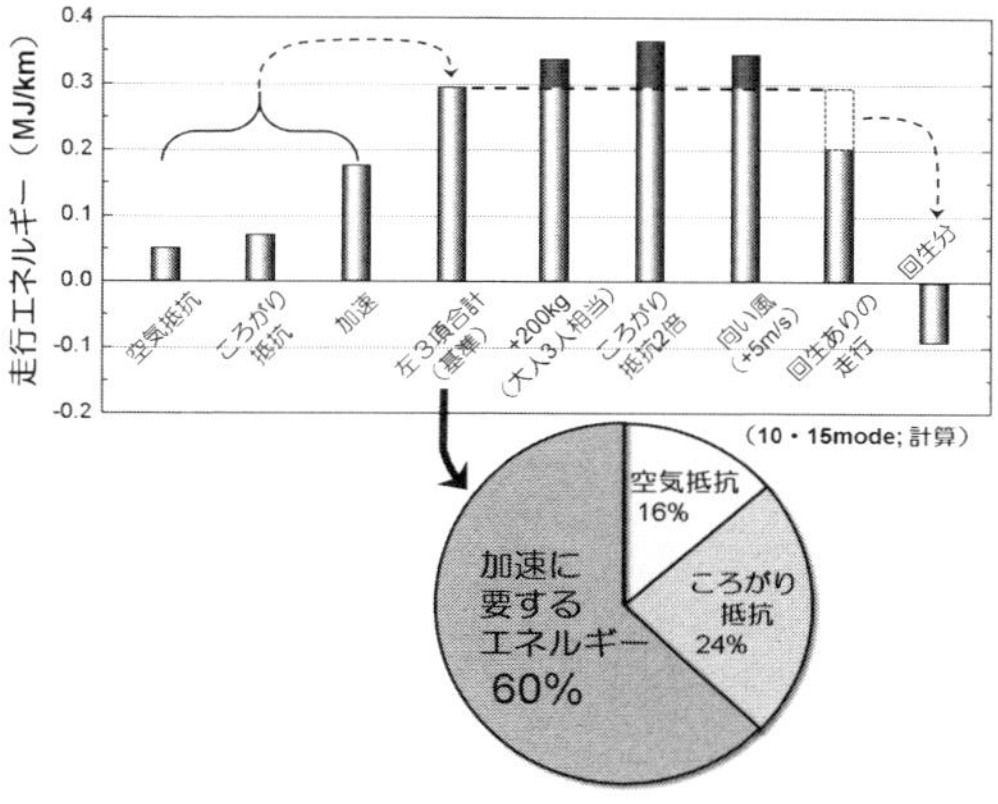

図10-7　走行に必要なエネルギー（車の質量を1トン等とした場合の計算値）（9より改変して転載）

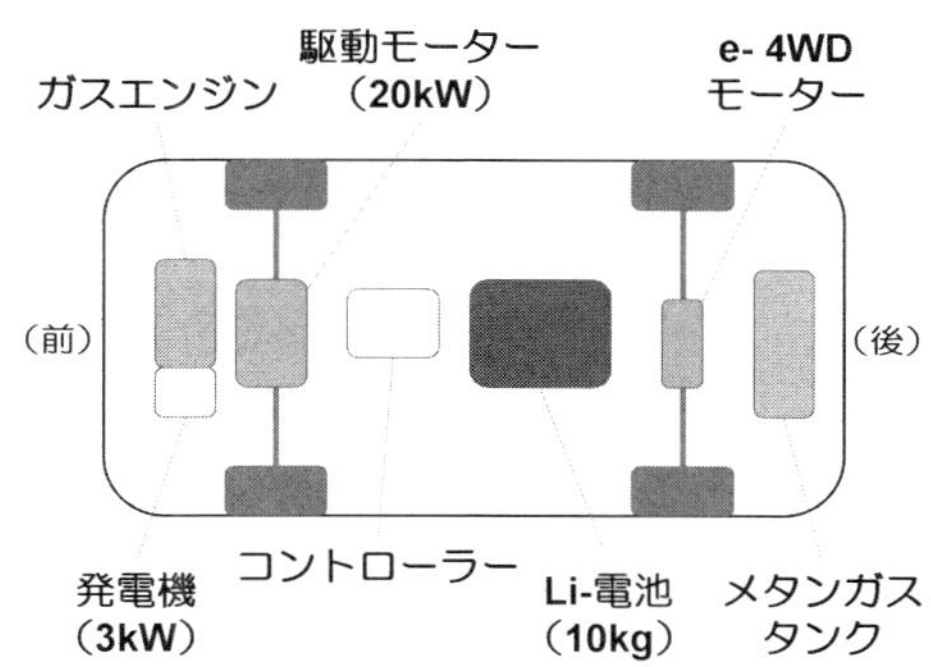

図10-8　寒冷・積雪地向け電気自動車のパワートレイン（9より改変して転載）

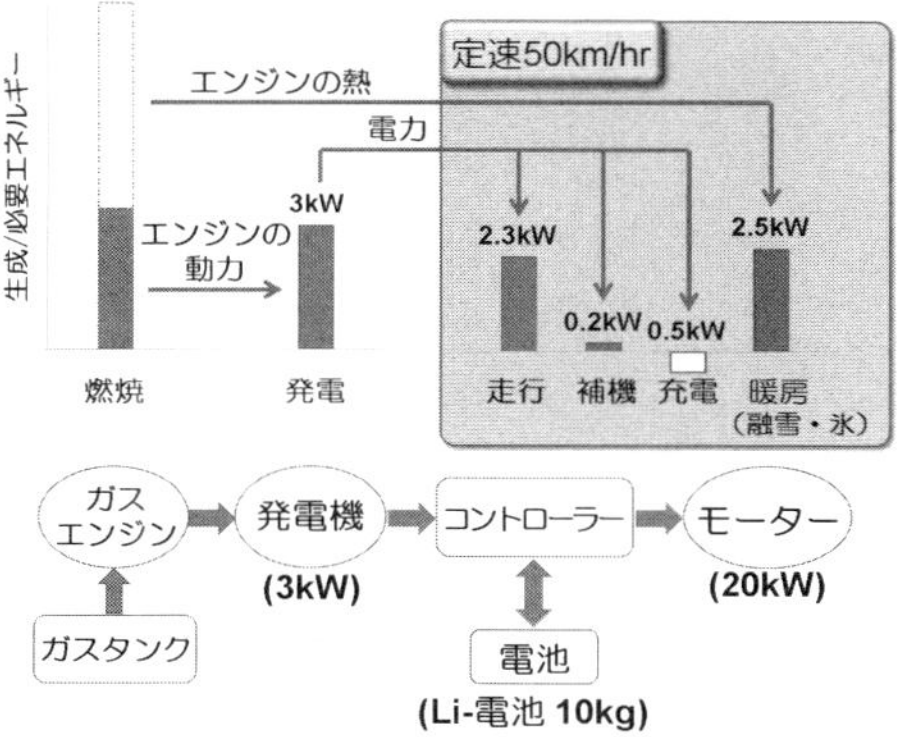

図10-9　時速五〇キロメートル（一定速、平地走行）における提案車のパワーフロー（9より改変して転載）

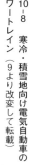

使って行います。一〇キログラムのリチウム電池により、フルパワー二〇キロワットをモーターに注入することができます。

　私たちの研究グループでは、この構想を実現するために種々の新たな技術を開発中です。小型軽量なメタンガスエンジン発電機、軽量で取り扱いやすいガスタンク、融雪・融氷機能も併せ持つ、エンジン熱を有効活用するヒーティングシステム、電池の制御とマネージメントシステム等です。そして、バイオガスエンジンと従来の四輪駆動を備えた電動車の試作と評価を実施予定です。これと同時に、中古のエンジン車を前述したパワートレインに置き換えることにより電動車にコンバートすることを考えています。コンバート車の製作は地域の小さな企業でも容易ですので、コンバート車ビジネスは地域産業を活性化させる可能性が高いのです。私たちのモチベーションは主にこの点にあります。

　二〇年以上先の将来においては、次世代の更に進化した寒冷・積雪地向け電気自動車が実現していると思われます。[2,9] それにはインホイールモーター（タイヤのホイール部に駆動モーターが収まっている）システムやステアバイワイヤ（ハンドルとタイヤの機械的なリンクをなくし、電気信号でタイヤの向きを変える）システムといった今現在、自動車メーカー等において研究開発中のものが搭載されているでしょう。それらのシステムにより電気自動車は更に安全で快適なものになります。それらのシステムにおいては高出力密度モーターと磁歪力センサー*が必須であり、高性能な磁性材料を開発することが鍵となっています。

　私たちの研究所では小さなバイオガスエンジン発電機を搭載した四輪駆動のコン

磁歪力センサー
　磁性材料は微小な磁石の集合体で、磁場をかけるとその方向に磁極（N極、S極）が整列します。このときに生じる歪みを磁歪と呼びます。また、磁性材料に力が加わって変形する（歪む）と磁気特性が変化する逆現象があり、これを利用すると力センサーになります。

パクトな電気自動車の試作と評価を目指しています。この電気自動車はシリーズハイブリッド（エンジンで発電機を回して発電し、その電気でモーターを動かして走る）車です。燃料はガソリンでなくてメタンガスであり、外部からの電気充電は必須ではありません。小さな電池搭載で済み、エンジンから排出される二酸化炭素はカーボンニュートラルですから、低コストで低カーボンです。特に寒冷・積雪地域で普及することが期待されます。

（島田宗勝）

参考文献

1　廣田幸嗣・小笠原悟司・船渡寛人・三原輝儀・出口欣高・初田国之『電気自動車工学』森北出版、二〇一〇年

2　M. Shimada "Magnetic Materials in Vehicles Driven by Electricity", *The 2010 Hirosaki University International Symposium, The 2nd international symposium: Energy and Environment in Aomori*, Hirosaki University Press, 2011, pp. 53-56

3　野田智輝「電気自動車、プラグインハイブリッド自動車の普及に向けた経済産業省の取組み」『自動車技術』63巻、№9、二〇〇九年、四-十一頁

4　中根重治・門井 勝・瀬戸寛樹・梅津康平「電気自動車用空調システムの開発」『自動車技術』64巻、№4、二〇一〇年、三五-四〇頁

5　電気自動車ハンドブック編集委員会編『電気自動車ハンドブック』丸善、二〇〇一年

6　近藤拓也・吉田信「サステイナブルモビリティを目指した資源・材料の取組み」『自動車技術』63巻、№11、二〇〇九年、一一-一八頁

7　自動車技術ハンドブック編集委員会編『自動車技術ハンドブック』第一〇分冊、自動車技術会、二〇一一年、八四頁

8　古厩徹也・上原尚文・松岡孝佳・嚴 子翔「省電力EVエアコンシステムの開発」『自動車技術』65巻、№12、二〇一一年、三〇-三四頁

9　M. Shimada "A Vehicle driven by electricity, designed for chill and snowy areas", *Sensors and Actuators A*. Vol. 200, 2013, pp.168-171

第十一章　環境発電の開発動向と展望

環境発電技術の概要

私たちの日々の生活や環境中には、振動（騒音）や電磁波、熱、光のような、不規則的に変動する小さいエネルギー源が溢れています。環境発電（エネルギーハーベスティング）技術とは、これらの分散型エネルギーを効果的に収穫（ハーベスティング）し、モバイル移動体（人、車両）やインフラのモニター用センサーへの、その場での自立電源などに有効活用していこうとするもので、近年、注目されています（**図11－1**）。

再生可能エネルギーとしては、太陽光、風力、地熱、海洋波力発電等が広く知られていますが、環境発電は、マイクロワット～数ワット程度の小さな入出力レベルのエネルギー変換デバイス（半導体電子回路など）への電力供給を行う分野です。

環境発電エネルギーは、身の周りの自然現象変化や日々の活動が存在する限り電力が得られ、かつ、電池や燃料補給なしで長期に作動することができます。このような特徴をもつ環境発電技術には、ミレーの絵画で描かれた「落ち穂拾い」のように、僅かな量であるためこれまでは非効率とされてきた環境中のエネルギーや機器の浪費エネルギーの数%を回収することができる優れた機能があります。しかしそればかりではありません。たとえば、このシステムを電子デバイス電源の設計に応

図11－1　これまで使われていなかった小さなエネルギー源を回収する環境発電（エネルギーハーベスティング）と社会での利用法（1より転載）

用することができれば、配線や電池交換のための労力を大幅に減らすことができるようになります。このように、環境発電エネルギーは、移動体モバイル機器が普及し、ユビキタス*なIoT*社会になりつつある現在、様々な応用分野を生み出す大きな可能性がある技術と言えます。[1]

表11-1には、私たちの生活環境中に分散しているエネルギー源と、それらに適用可能なエネルギーハーベスティング技術をまとめて示しています。エネルギー源は多種多様ですが、そのほとんどは小さなエネルギーなので、（電磁モーターの回転やピストンのような往復運動で摺動ロスを伴い、ある程度の容積も必要とする機構ではなく）直接的なエネルギー変換機能を有する材料を用いることになります。ここでは、それらを含むデバイス要素技術の概要（原理・特徴）について説明します。

（1）エネルギー変換型材料・デバイスの基本機能

エネルギー変換型の機能材料には、外部からの物理化学的エネルギーを得て、自ら変形したり、電気を発生するものがあります。前者はロボット動作やカメラズーム部位置決めなどのアクチュエーター、後者は、センサーとして利用されます。**表11-2**には、各種物

入力＼出力	電荷・電流	磁荷	歪	温度	光
電場	帯電率 導電率	電磁効果	逆圧電効果	電熱効果	光電効果
磁場	磁電効果	透磁率	磁歪	磁気熱量効果	光磁効果
応力	圧電効果	圧磁効果（逆磁歪効果）	弾性率（ヤング率）	－	光弾性
熱	焦電効果	－	熱膨張	比熱	－
光	光電効果	－	光歪効果	－	屈折率

対角線の組み合わせ：材料物性値
対角線以外の組み合わせ：知能材料要素 →センサー／→アクチュエーター

表11-2　エネルギー変換型機能性材料での物理的パラメーター相互関係

エネルギー源	発電技術
電磁波エネルギー（可視光，電波）	太陽電池，レクテナ，その他
力学的エネルギー（振動など）	電磁誘導（磁石＋コイル），圧電（圧電素子），静電誘導（エレクトレット，誘電エラストマーなど），逆磁歪（磁歪材料），その他
熱エネルギー（温度差）	熱電発電，熱磁気発電，熱電子発電，熱機関，その他
その他のエネルギー（バイオ，化学反応）	生体エネルギー発電（酵素反応，バクテリア分解），浸透圧発電，その他

表11-1　主なエネルギーハーベスティング技術（1より転載）

ユビキタス
特殊性や希少性がなく、何時でも何処にでもあたりまえのようにある状態のこと。

IoT
Internet of Thingsの略語。直訳すれば「モノのインターネット」ですが、意訳すると「あらゆるモノがインターネットに接続され、その情報を人工知能などのモノが管理・分析し、モノが動作して私たちに好適なフィードバックをすること」です。このシステム構成自体が商品として高く注目されています。

理的・化学的諸量間での相互変換（インプットとアウトプット）に関するパラメーターの関係を示します。特に、センサー材料は、電荷（帯電）を発生できるので、電磁気デバイスとして、ガスコンロ発火部の圧電材料、人感センサーの焦電材料、太陽光に反応する光電材料や磁歪材料などがあります。その中でも大きな電力（電圧×電流）を得られる材料が、環境発電用素材としての可能性があるわけです。しかし、様々な環境状態で長期間使用を要求される発電材料は、その耐久温度、負荷荷重・重力（g値）、材料強度などロバスト*なことが求められますので、環境発電デバイス設計では、その特徴をよく理解して採用することが必要となります。

（2）力学的エネルギー利用技術

身の周りには歩行や車の走行中、さらには流体（風、水）中などを含めて、様々な機械力学的な変形（振動）を伴うエネルギーが存在します。**図11-2**には、この力学エネルギーを利用する場合の発電原理を模式的に示します。[1]

「圧電型」は、強誘電性を有する圧電材料での応力負荷時の電気的分極から電力を得る方式であり、身近なものではガスコンロやライターの着火装置、さらには駅プラットフォームのように通行量の多い場所を利用した床発電*の実証研究が進んでいます。[2]「静電誘導型」は、絶縁性の帯電膜（エレクトレット*）を用いて、対向する電極の位置の変化により、電荷が移動して電力を取り出せるもので、電気の届いていない場所に設置する無線通信型センサーの電源として開発が進められています。[3]圧電型と比べて容易に高出力が得られる反面、素材が樹脂で柔らかく、デバ

ロバスト
堅牢性のこと。ここでは、荷重や衝撃、またはノイズといった外部要因の変動、さらには多少の不確定要素が生じたとしても、機器が正常に動作できるかどうかを考える指標になります。

デバイス構造＼原理・機能	磁場の時間変化を利用（インピーダンス：低）	電場の時間変化を利用（インピーダンス：高）
機械的（メカニカル）な構造を利用（材料・設計の自由度：大、部品多い）	電磁誘導 	静電誘導 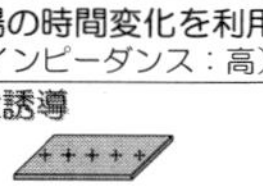
材料の特性を利用（構造は単純）	逆磁歪 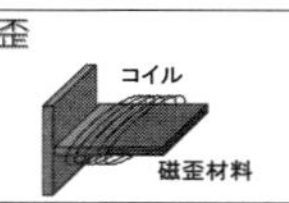	圧電 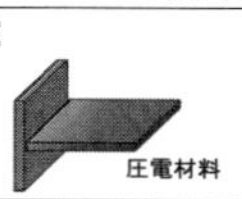

図11-2 力学的エネルギーを利用した発電原理（1を参考に作図）

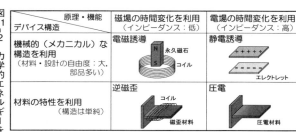

イス構成部品を増やさないと上手に電力が取り出せない課題があります。「逆磁歪型」は、外力により磁歪材料内部の磁気モーメントが影響を受けて、表面から漏れ出る磁束を周囲に設置したコイルにより誘導電流として電力を取り出す方式です。衝撃発電機として国内企業の製品化事例が見られますが、[4]より汎用性の高い振動発電用は開発段階にあります。一方、「電磁誘導型」は、コイル近傍に設置した磁石位置の変化により、コイル側に誘導電流として取り出します。磁石自体を振幅運動させる必要があるため、発電装置全体は大型化する難点があります。二〇〇〇年以前より、一部の腕時計の電源として採用されている実績があります。[5]また、発売には至りませんでしたが、乾電池を模した発電器の開発事例があります。[6]

実際には、これらは、発電原理材料と負荷方式*（システム）の両方を組み合わせて、ユーザー側の力学的使用条件に合うように最適化させる発電デバイス設計が重要になります。

（3）熱エネルギー利用技術

熱電（温度差）発電とは、広義にはゼーベック効果*による熱電変換材料を用いて熱エネルギーを抽出する発電法です（**図11-3**）。実用的には素子の両側で温度差を作るために温熱源と冷熱源が必要です。これ以外にも熱光発電、熱磁気発電などの研究開発が進めら

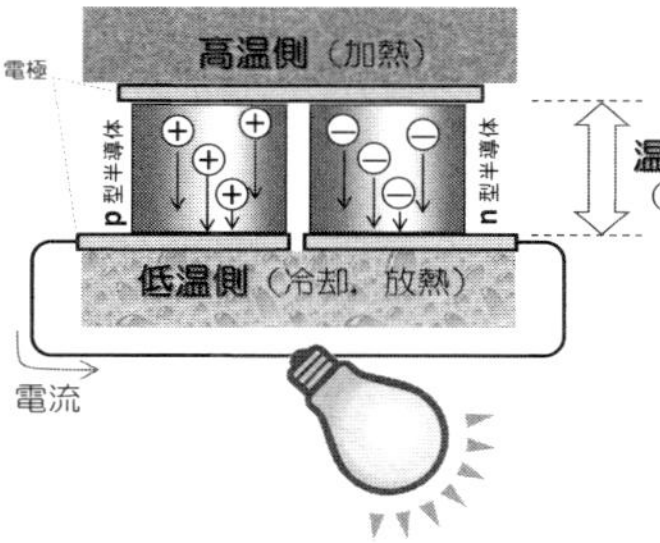

図11-3　熱電（温度差）発電素子の原理と構造

床発電
人が歩行したり、車が移動したりするときの振動と荷重を利用した発電のこと。

エレクトレット
ポリプロピレンやテフロン等、絶縁性の高分子材料（電気を通しにくい樹脂）の膜にコロナ放電や高電界印可によって帯電させた素材のこと。膜の両表面に電荷が分極することを利用して既にセンサーに応用されています。二酸化ケイ素を主とした硬い無機膜もありますが、扱いやすさや材料寿命等のバランスから樹脂膜が主流です。

負荷方式
磁場と電場を利用した発動方法それぞれで発電器の内部インピーダンス（交流電力における電気抵抗）が顕著に違います。通常、上手に電力を取り出すためには、負荷（発電器に接続する使用機器）のインピーダンスを調整する必要があります。環境発電では、発電側と負荷側をセットとした一つの独立システムとして扱うことが多いため、それぞれのインピーダンスを最適化することが必要になります。

れています。これらの熱電素子は、可動部分がないため、小型化と長寿命で耐久性に優れ、長期にわたっての保守作業を必要としない利点があります。

温熱源は、ごみ焼却炉、工場内プラント内での廃熱、車のエンジン熱、パソコンの廃熱など、さらに自然環境中での、温泉、太陽熱、地中熱などがあります。その場合、発電デバイスの電極間の温度差を維持するための熱量抽出設計や使用温度域対応の材料選択が重要になります。

(4) 電磁波利用技術

環境中の電磁波としては、太陽光などの可視光源と、テレビなどの電波が挙げられます。光発電は、半導体物質に光が当たると、電子が飛び出す光電効果を利用したもので、蛍光灯などの室内光源を利用する場合、屋外用で耐久性あるシリコン(Si)系よりも、高効率に特化したアモルファス*系や色素増感材料の方が適しています。

一方、テレビや携帯電話等の通信機の電波は高周波であり、これを集め、電力にするためには、レクテナ*素子を使用します。電磁波発電の原理とレクテナの仕組みを**図11-4**に示します。電磁波発電は、エネルギー変換型機能材料の作用を用いる必要はないのですが、環境電波は微弱でエネルギー密度は低いので、小型化したモバイル利用形態の実用化までには、なお時間を要するとみられています。

(5) その他のエネルギー利用技術

ゼーベック効果
2つの異なる導電性物質を接触させて温度差を与えたとき、それぞれの物質の開放端(非接触側)には温度差に対応した起電力が発生する。これがゼーベック効果であって、負荷を接続すると電流が流れ、電気を取り出すことができます。p型とn型の半導体を導体で交互に連結したものが熱電型発電素子として実用化されています。

アモルファス
原子が長範囲で規則的に配列した固体を結晶性固体と呼ぶのに対して、中~長範囲の規則性を持たず原子がランダムに配列した固体をアモルファス性固体と呼びます。太陽光パネルに話を限れば、アモルファス性シリコンは自然光の電力変換効率で結晶性シリコンに劣るものの、照明に利用される光の波長領域ではアモルファス性シリコンの効率が格段に高くなります。

レクテナ
アンテナに整流回路が直接組み込まれたもので、吸収した空中の電波(高周波)を直流に整流し、電力として取り出せる装置デバイス。

生体や微生物の持つエネルギーを化学的変換にて利用することも考えられています。生体内の基礎代謝である、グルコースの酵素分解や尿・汗などを電解質として利用する方法、淡水・海水の浸透圧、温度差利用の発電研究も報告されていますが、まだ電力が非常に小さく、反応時間が長い欠点があり、今後の技術開発の飛躍が望まれます。

研究開発とその応用事例

環境発電型デバイスの先駆けとしては、一九七〇年代、我が国の振り子式充電型腕時計やソーラー電卓が挙げられます。しかし、現状の各方式での電力は、マイクロ〜ミリワット級と小さいので、近年の省電力化が急速に進む、小型電子部品（モジュール）の電源部への、利用可能性が高まってきています。

（1）小型発電デバイス事例

試作例では、**図11-5**の照明用の電池レスリモコンスイッチがあります。[7] このスイッチには、圧電体セラミックスと整流回路を組み合わせた圧電発電モジュールに通信モジュールが付加されて無

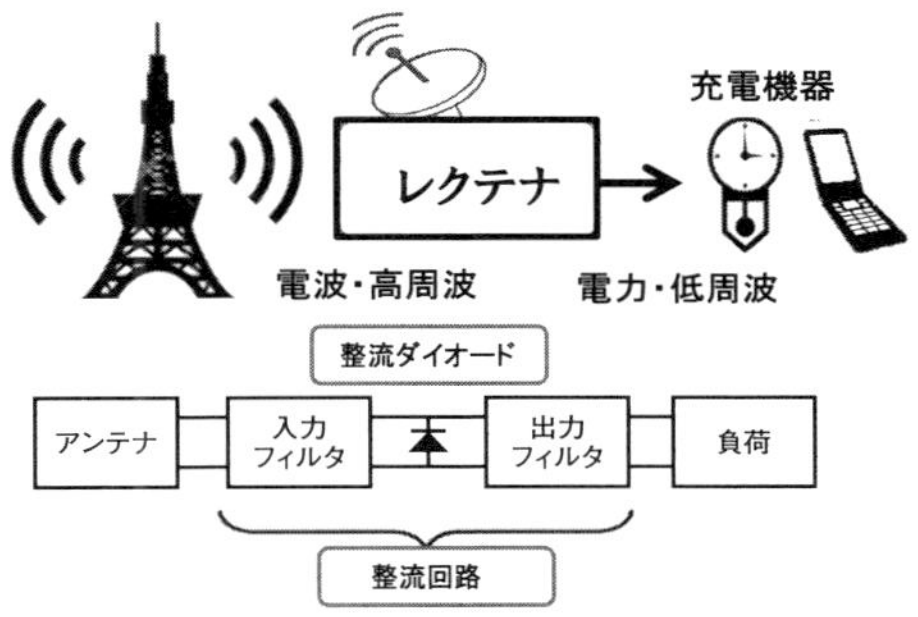

図11-4　電波発電の原理とレクテナの仕組み

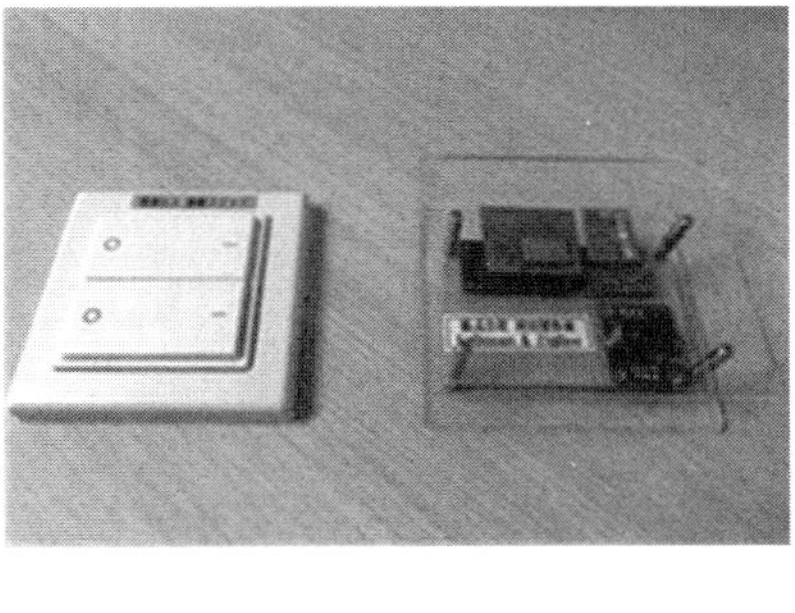

図11-5　照明用の電池レスリモコンスイッチ（村田製作所試作機）（7より転載）

線でＯＮ－ＯＦＦ操作ができます。

また、工場の排熱や温泉熱などを回収するための、温度差・熱電発電の事例として、パナソニック社が開発（二〇一三年）した熱電変換素子は、**図11－6**のように、金属と熱電変換材料が傾斜積層された独自のチューブ型構造になっています。[8] この構造設計の変革で、従来の平型とは違い、チューブの中に湯を通せば高速で加熱と冷却を交互に行えて発電出力をアップできることから「熱発電チューブ」と呼ばれます。

さらに、電波発電の製品例としては、壁時計に、二・四五ギガヘルツのレクテナを八つ直列に接続し、かつ、時計の背面には電圧保護回路を備える、**図11－7**に示される製品が発表されています。[9]

（２）自補給電型ワイヤレスセンサー、ＩｏＴ社会への展開

環境発電の今後の用途として次第に期待されてきているのが、いわゆる、ユビキタスな、ワイヤレスなセンサーです。工場内部のプラント設備、道路や橋のヘルスモニタリング*が挙げられます。ここでは、点検期間や労力コストを減らすために、多数のセンサーを機械構造物に設置します。それらによって、プラント駆動用モーターの回転異常や化学反応時の温度変化等をリアルタイムで把握することで、操業中の機器の故障防止やインフラ劣化状況を事前に判断することができるようになります。その多数のセンサー電源に、その場に適した環境発電技術を取り入れるわけです。

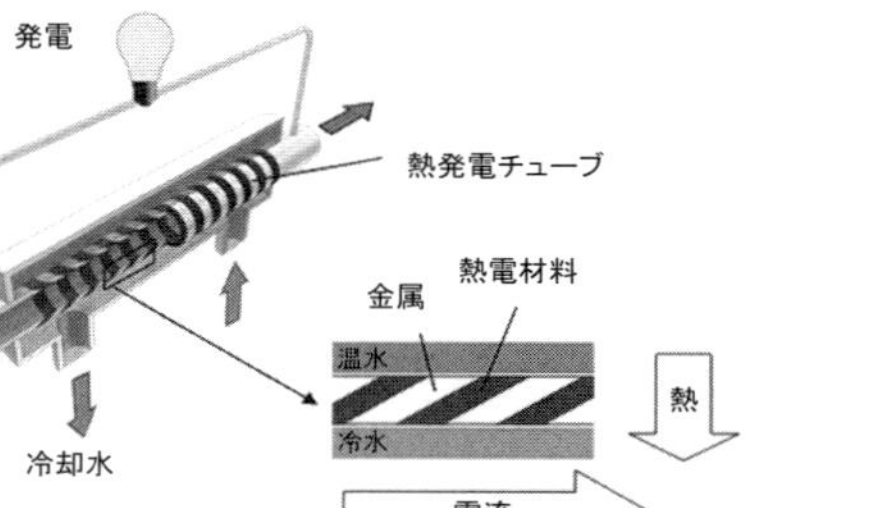

図11－6　金属と熱電変換材料が傾斜積層されたチューブ型構造の熱電素子（パナソニック社試作）
（8より改変して転載）

ヘルスモニタリング
橋脚や道路などのインフラ、および高層ビルや大規模集会場の劣化診断のため、温度や加速度などの各種センサーを設置して、リアルタイムで監視・計測・記録・解析を行い、構造物の診断を行う技術です。構造ヘルスモニタリングとも呼びます。

そのほか、走行中に常時振動が発生する自動車（車両）のタイヤの空気圧や、ボルト締めの劣化等で引き起こされる車両の異常振動の検出ができます。一例として、**図11-8**に示される様に、自動車のタイヤの空気圧、温度、路面摩擦等を走行中の運転手や道路管理者が把握できるタイヤ内部装着方式のワイヤレスセンサーが、我が国で最近開発されてきています[10]。また、自然環境中では、農業・水産業分野での気象や土壌成分の定点モニタリング、また、ウェアラブル型発電素子を用いる、盲人杖や健康医療分野での新陳代謝等の生体基礎データのモニタリング等も検討されています。

環境発電の展望

エネルギーハーベスティング技術とその市場規模は予測の範囲に止まっており、まだ、現状は、さらに高い電力抽出法を目指した研究途上であり、様々な試作モデルの提案段階と言えます。今後、環境からのエネルギー取り込み基盤技術（材料、省電力回路、マイクロ蓄電池）や対象物への装着設計のさら

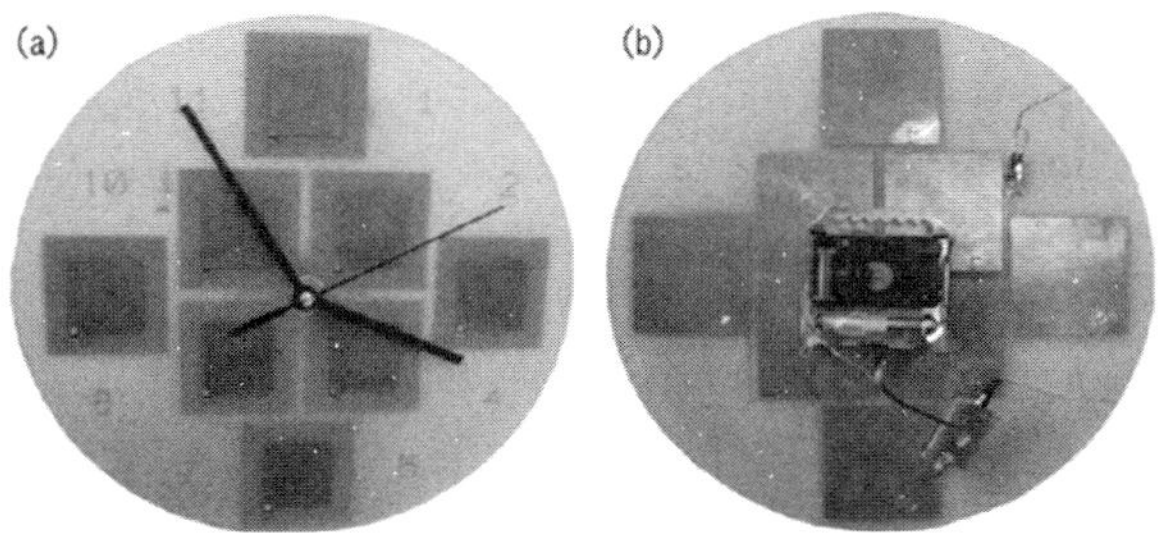

図11-7　壁時計への適用例
（a）文字盤と3針および電力を供給するレクテナのパネルからなる壁時計の前面、（b）電圧保護回路を備えた壁時計の背面
（9より転載）

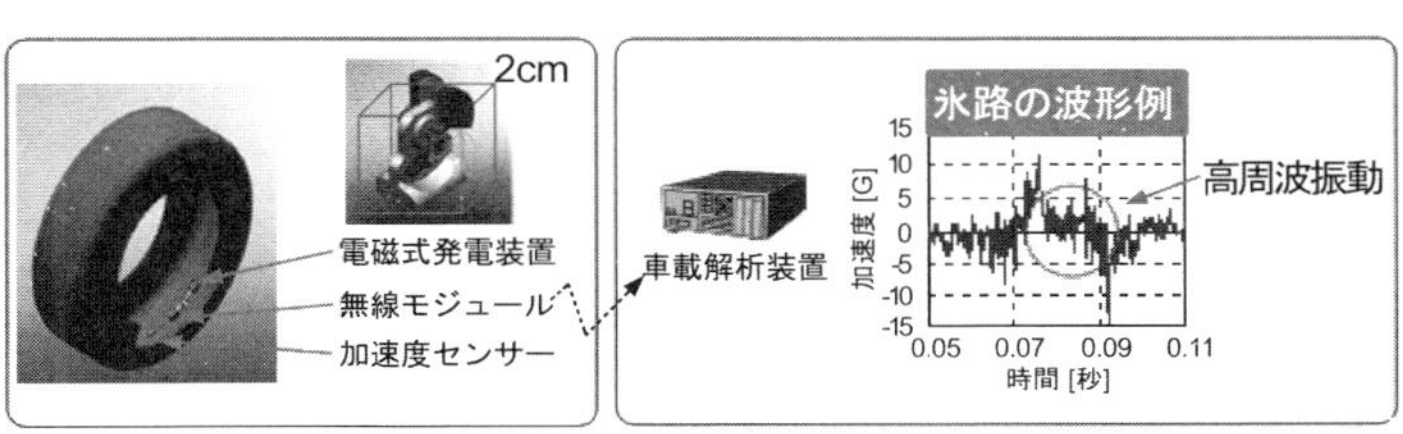

図11-8　自動車のタイヤの空気圧、温度、路面状態を検知できるエネルギーハーベスト型タイヤセンサー研究事例（ブリヂストン社試作）（10より改変して転載）

なる最適化、電子回路半導体の低消費電力化の進展によって、この新技術の適用可能領域は拡大を続け、本来の省エネルギー向け乾電池代替機器のほかに、移動体（人や車両）、工場内プラントやインフラ等のヘルスモニタリング、農業・水産業、医療福祉機器などが予想されています。また、大都市におけるオフィス・ビル設備で消費される、社会経済的なエネルギー比率は予想以上に大きく、エネルギーハーベスティング技術の導入を進めると、現状の三〇％程度のエネルギーを削減できると言われています。

さらに、新規市場として期待されているのが、ＩｏＴ社会への展開[11]です。これは、二〇二五年頃に実現すると予想されていますが、そのためには、あらゆる場所に小さい消費電力で自立・分散型の電源が必要となります。**図11-9**に示す、エネルギーハーベスティング技術と無線センサーネットとを組合せた*モジュールユニットが普及することで、社会経済的視点からは、長期にわたる、維持管理システム全体のコストを大幅に削減できることになります。

欧米では、ドイツが主体でイノベーション4.0（別称インダストリー4.0）を推進中で、生活や生産現場での「モノのインターネット化」技術開発とビッグデータ解析を融合させた、モノ作りの革命と新産業ビジネス創出への政策を推進しています。インターネットＩＴ革命は我が国では二〇〇〇年から始まりました。そして、現在

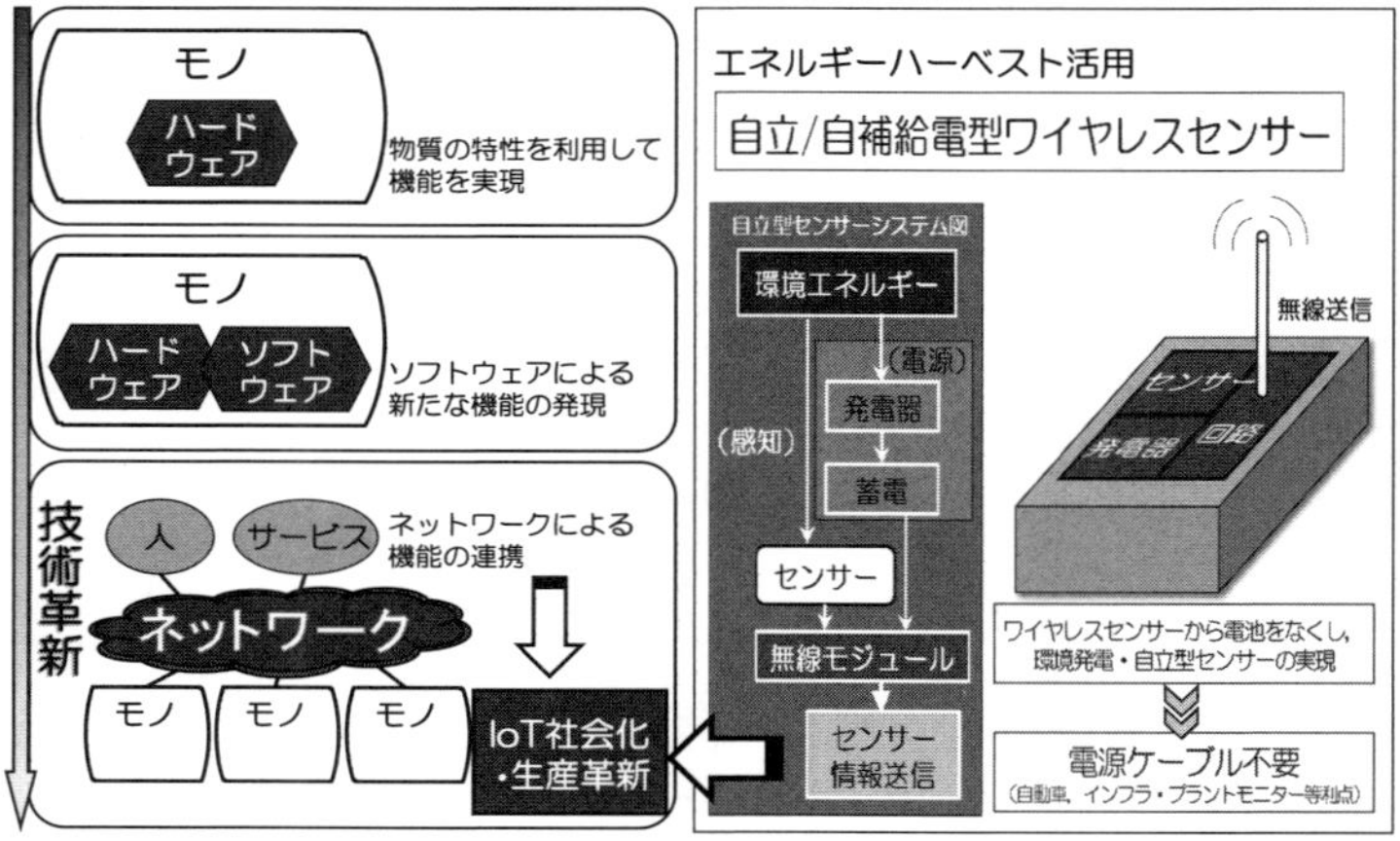

図11-9　エネルギーハーベスティング技術と無線センサーネットとを組合せたモジュールユニット
（11、12を参考に一部改変して転載）

のモバイルデバイス社会での電子産業、新ビジネス創出の変化を考えると、そのデータ管理、セキュリティ分野を含めた、ＩＴ革命を越える新規ビジネスの市場の創出が期待できそうです。

（古屋泰文）

モジュールユニット
ここでは、自立／自補給電型ワイヤレスセンサー（図11-9）がユニット、その構成要素として、エネルギーハーベスティングする部品、センサー部分および無線回路部分がそれぞれモジュールを指します。

もっと詳しく知りたい人へおすすめの書籍

① 堀越 智・竹内敬治・篠原真毅『エネルギーハーベスティング―身の周りの微小エネルギーから電気を創る「環境発電」』日刊工業新聞社、二〇一四年
② 鈴木雄二「振動発電技術の原理と将来展望」『日本エネルギー学会誌』Vol.93、No.2、二〇一四年、一二七-一三三頁

参考文献

1 鈴木雄二（監修）『環境発電ハンドブック～電池レスワールドによる豊かな環境低負荷社会を目指して～』エヌ・ティー・エス、二〇一二年
2 武藤佳恭・小林三昭・林　寛子「人の歩行で電気を生み出す床発電システム」『ＯＨＭ』Vol.97、No.12、二〇一〇年、二七-三〇頁
3 坂根好彦「高性能エレクトレット「サイトップＥＧＧ」を用いた小型振動発電器のＩｏＴセンサ電源への応用」『旭硝子研究報告』Vol.65、二〇一五年、一九-二四頁
4 湘南メタルテック株式会社ホームページ
5 「一九八八年一月　自動巻発電クオーツウオッチ〈セイコーＡＧＳ〉」（エプソンホームページ、エプソンの歩み～マイルストンプロダクツ）
6 日本経済新聞（電子版）「乾電池型の「振動発電池」、ブラザー工業が開発」（二〇一〇年七月十六日付）
7 「国内初!! エネルギー・ハーベスティングによる無線スイッチシステムを戸田建設社屋で実験開始！」（村田製作所ホームページ、ニュース）
8 「熱発電チューブ～地熱を活用してエネルギー問題を解決～」（Panasonic ホームページ、先端技術のご紹介、熱発電チューブ）
9 JAG Akkermans, MC van Beurden, GJN Doodeman, and HJ Visser "Analytical Models for Low-Power Rectenna Design", *Antennas and Wireless Propagation Letters*, Vol. 4, 2005, p.187

10 「〈CAIS（カイズ）〉コンセプトに基づいた路面状態判定技術を発表」（ブリヂストンホームページ、ニュースリリース）

11 古屋泰文「ＩｏＴ、モバイル社会ニーズを取り込み発展するインテリジェント・スマート材料デバイス」『日本ＭＲＳ学会年次大会講演集』（CD-ROM, A3-K9-001）、二〇一五年

12 岩野和生・高島洋典「サイバーフィジカルシステムとＩｏＴ（モノのインターネット）、実世界と情報を結びつける」Ｊ-ＳＴＡＧＥ記事（公開日 二〇一五年二月一日）

第十二章　雪国のインフラでのエネルギー利用

雪国のドーム

（1）屋根への積雪

東北の雪の多い地域に来ると、屋根の勾配がゆるく、さらに雪止めがついていることに気が付きます。同じ雪の多い地域でも、飛騨高山の合掌造りでは屋根の勾配は急峻で、屋根への積雪を少なくしています。屋根に積もった雪は、勾配がきついほど滑りやすく、結果として屋根が支えるべき雪の荷重は小さくなります。ただし、屋根から滑った雪は、その周辺に堆積して、そのままでは道路をふさいだり、隣家に迷惑をかけることもあり、都市によっては条例で禁止されることもあるようです。

周囲への雪の影響を少なくして、大きな荷重に頑張って耐える構造にするか、周辺の道路や隣家と離れているときには勾配をきつくして荷重を低減するかの選択肢があるように思えます。ドームの屋根でも、雪の荷重によって屋根が崩壊する事故が見られ、デザイン・経済性とのトレードオフで雪に対する対策に工夫を凝らすことになります。

屋根に一定以上の勾配のある場合には、気温の上昇に伴う滑雪による荷重低減効果を考慮する場合がありますが[1]、五所川原市にある「つがる克雪ドーム」では、屋根の形状が円弧型であり、頂部付近での勾配は小さく、自然の滑雪は期待できません。そのために積雪時には強制的に膜に振動を与える方法がとられています。これは起振機をモーターで回転させる装置により、膜に振動を与える方法です。また、このとき屋根から落とした雪の処理方法として、後述する地熱を利用した融雪を行っています。

(2) 室内空調

「つがる克雪ドーム」は厳しい冬でも、また夏場の暑さの厳しい時期で屋根を締め切った状態でも、快適なスポーツ空間を維持するために様々な工夫を凝らしています（**図12－1**）。

底冷えの寒さから守るために、サーマルグラウンドという床空調システムが採用されています。これはグラウンド下に埋設した配管に温水を流すことにより、グラウンド近傍の温度を極端な底冷えから開放し、利用者にとって快適な空間を維持することを目的としています。また、観客席足元には空調吹き出し口を設け、ここから吹き出す空気温度をコントロールすることによって観客が常に最適な環境下で観戦できる環境を確保しています。

サーマルグラウンド用の循環水と観客席の空調用空気は、採熱管という事前に地下の帯水層に埋設された配管で、夏は冷熱を冬は温熱を回収しています。これは地下の帯水層の温度は年間を通じ、ほぼ一定である

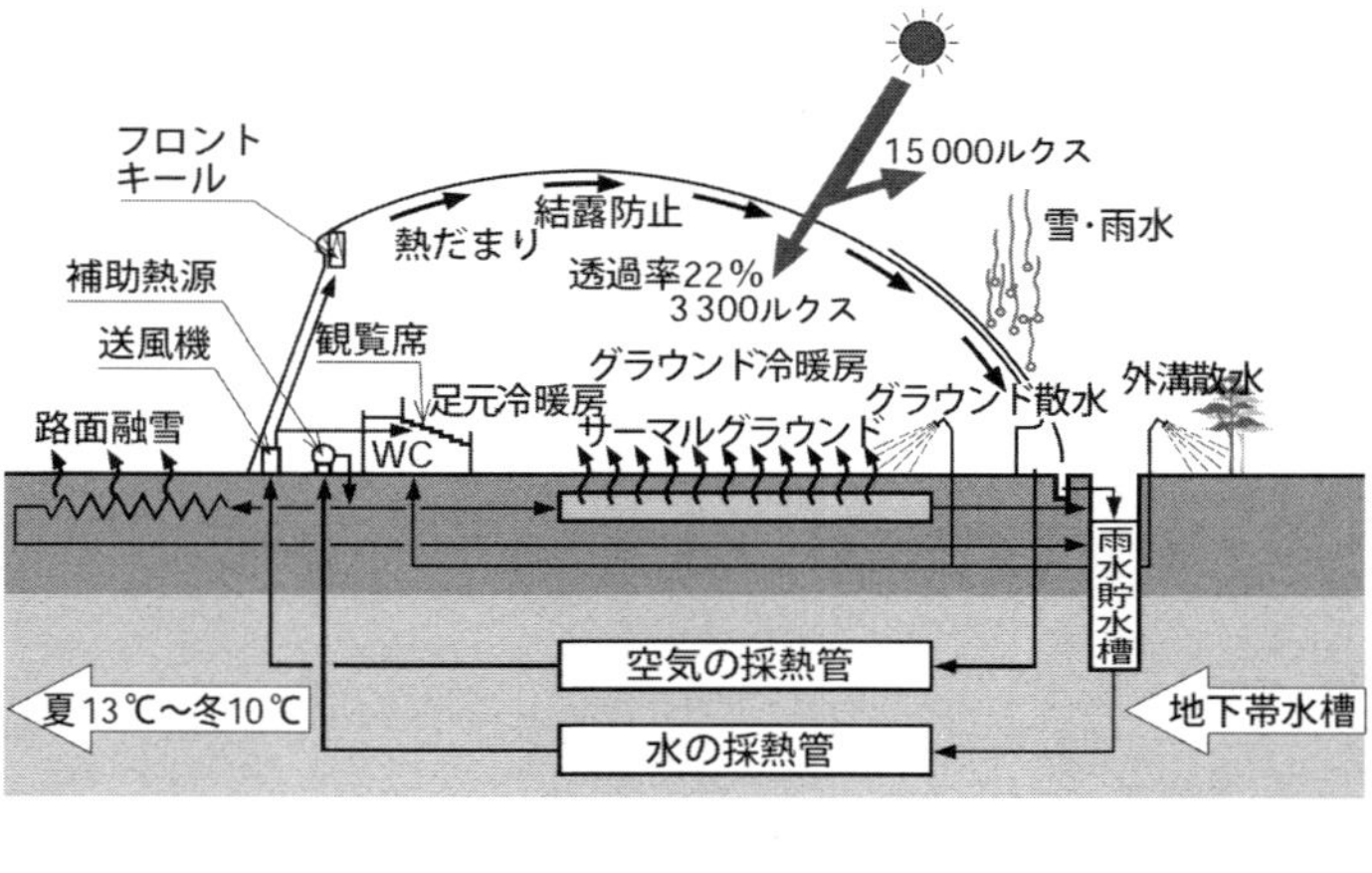

図12－1　つがる克雪ドームの熱利用システム
（2より転載）

ことに着目した地熱利用システムです。

地下の帯水層に空気用と水用の熱を回収する配管を設置し、地熱を有効利用しています。これは建物の基礎部分にある砂礫帯水層に流れている一一℃前後で安定した伏流水の熱を利用したシステムで、この砂礫帯水層に空気用と水用の採熱管をそれぞれ埋設しています。空気用採熱管には、室内の換気および結露防止用の換気に使う外気を導入し、外気がその採熱管を通過する時に、冷房期には外気を地熱で冷却し、反対に暖房期には外気が地熱で暖められて室内、観客席および膜近傍に供給されます。また、水用採熱管ではドームの屋根面に降った雨水や雪解け水を集めた雨水貯留槽の水を循環して冬場は温めてエントランスプラザの融雪やサーマルグラウンドの循環水として利用、夏場は冷却して冷房用の冷却水として利用しています。

結露対策については、膜屋根近傍に緩やかな気流を形成する方式が採用されています。この気流を発生するのは、フロントキールと呼ばれるボックス梁鉄骨を空調ダクトに見立て、そこに円形状のノズルを膜屋根に向けて設置することにより実現しました。膜全体に均一な流れが発生するような吹き出し方向と吹き出し流量について解析を実施して、膜屋根近傍ほぼ全域に一〇センチ毎秒程度の流速で流れることが確認できています。

これ以外にも、つがる克雪ドームは膜屋根の採用による自然採光での人工照明電力の省エネルギー化、自然換気の採用によるドーム内温度上昇の防止、雨水・融雪水のトイレ洗浄水・外溝散水・グラウンド散水等への利用などで、水光熱費の削減が行われています。[2]

雪国の道路

（1）道路に設置されるフェンス

道路に設置するフェンスは、主として都市部などで周辺への遮音を目的とした防音フェンス、強風地域のトンネルの出入り口付近などに設置される防風フェンスが有名です。防音フェンスでは騒音を遮断するために基本的には隙間のない壁を用いますが、防風壁では風速低減効果が得られる範囲を広くするために、適切な透過率をもたせた壁が用いられます。各々のフェンスにおいてもいろいろな工夫がされていますが、雪国ではいずれでもない防雪フェンスを見ることがあります。はじめは鉄道の線路への積雪を低減することを目的に設置されたと言われていますが、最近では道路への風を伴う吹雪や、降り積もった軽い雪の除雪への風の効果を狙って設置されていますので、少し詳しく見てみましょう。

（2）防雪フェンス

風を伴う雪が降る状況を想像してみてください。この時に生じる雪の吹きだまりは、風による横方向の力と自重による鉛直方向の力のバランスで生じ、風速が低いほど雪がたまりやすくなります。そのため、道路の風上で風速を低減してフェンスの風上で雪を落として、さらに路面へ到達した雪は風速を増大して雪を吹き飛ばす方法が有効です。

風のエネルギーを用いて積雪状態を制御する方式には、「吹きだめ式」、「吹き払い式」や「吹き止め式」など、いくつかの種類があり（**図12-2**）、現地の雪質・

周辺環境などによって適切なものが選択・設置されます。[3]

雪と風による振動

（1）橋梁

このように風のエネルギーは積雪を制御するために用いられる一方で、風が吊り橋などの柔らかい構造に振動を起こすこともあります。一九四〇年、アメリカのシ

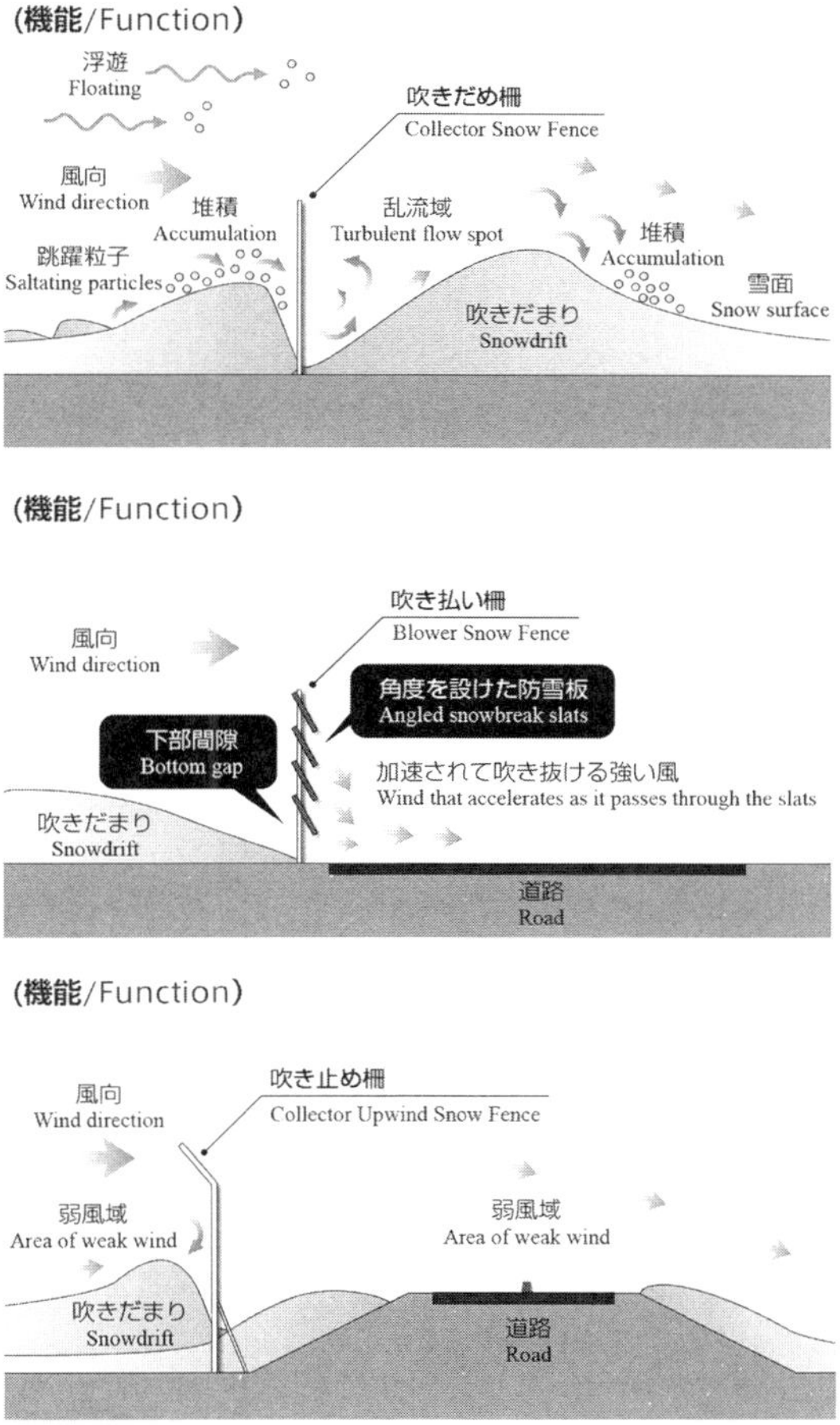

図12-2　防雪柵の種類（3より転載）

アトルにあるタコマナローズ橋の落橋はその有名な例であり、映像を見たことがある方も多いでしょう（**図12－3**）。この現象は風によって橋桁の周囲に生じる渦が原因で起こりました。その後の橋の設計では橋桁の断面形状を流線形に近づけて、この現象の発生を防いでいます。

ところが積雪地帯では、橋桁の高欄やフェアリング（風の流れを整える役割を担う構造体の一部）に着雪し、橋桁周囲に渦が発生することがあります。これに対してたとえば室蘭の白鳥大橋では、橋桁の断面形状の設計に工夫がなされています。すなわち、あらかじめ積雪を予想して、雪が積もっても発生する渦による振動が発生することがないように設計されているのです。

また最近では、東京湾アクアブリッジのようにケーブルで吊っていないために振動が起こりにくいと考えられていた形式でも、対策のためにスパンを大きくすることで柔らかい構造にしています。さらに、振動が発生しても落橋しないように桁の内部に橋の振動に同期した振り子を設置して減衰が付加できる装置を設置するようになりました。[6]

（2）送電線

送電線に着氷があった場合にも風による振動が発生し、山間部の高圧送電線などで生じた場合には大規模な停電を引き起こす場合もあり、これにも対策が必要です。[7]

この原因は送電線への着氷が風上へ向かって伸びていき、渦を助長するために

(a)

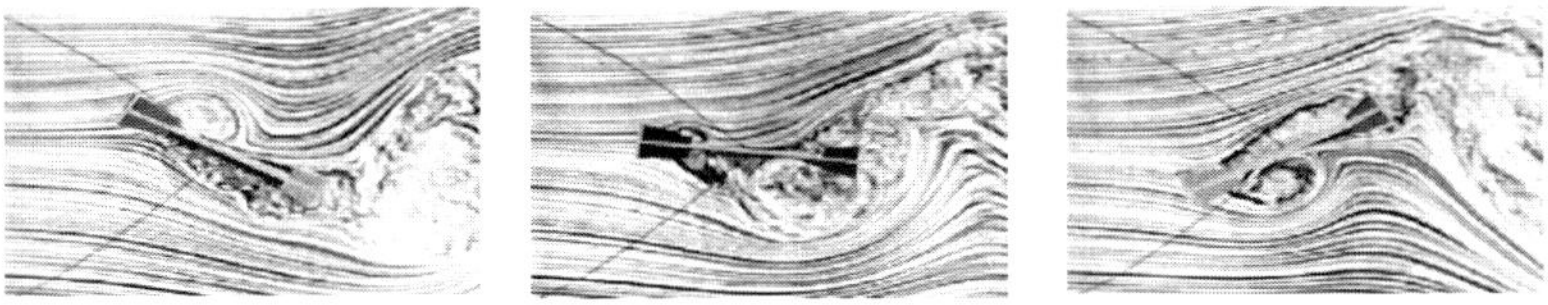

(b)

図12-3　タコマナローズ橋の落橋（上）（4より図を転載）、直前の桁の様子および桁断面周りの流れ解析（下）（5より図を転載）

ギャロッピングと呼ばれる跳躍的な振動に至ることにあります（図12-4）。これに対しては、着氷そのものを防止する方法や、振動を拘束するために隣接する送電線と連結するなどの対策が講じられます。

雪国の風車

風のエネルギーを利用する風車は、最近は大型化が著しく、さらに設置場所も陸上から洋上へと展開されつつあります。この風車を雪国に設置すると、どのようなことが起こるでしょう?

積雪が生じるような気温が低い寒冷地においては、翼への着氷[8]、風向・風速計への着氷[9]、ナセル内部への雪の侵入などが生じます。翼に着氷した場合には、翼形状が変化して発電性能に影響を及ぼすほか、翼からはがれた着氷の周辺への飛散、翼への着氷がアンバランスな状態で発電機ローターを回転する事による異常振動などが懸念され、対策としては翼の前縁に加熱装置を装着したり、ヘリコプターから除雪を行う場合もあります[10]。

また風車本体のほか風向・風速計への着氷も深刻です。風車は風向計・風速計の出力により種々の制御を行いますので、着氷が生じると目隠し状態で運転することになり、危険な状態が想定されます。最近では加熱装置を装備した風向・風速計がよく用いられます。ナセル内部への雪の侵入は、風車が運転状態であればナセル内の発熱で溶けるのですが、休止状態に侵入して起動をかける際に不具合を生じる場合があります。

図12-4 送電線への着氷の様子（7より転載）

現在の風車の設計規格には、寒冷地仕様という特殊仕様が存在し、先に述べたような対策の適用によりリスクの低減を図っていますが、古い機種であれば別途対策を講じる必要がある場合もあります。機器の信頼性に関しては十分な検証が必要となります。また、忘れてはいけないのが空気密度に対する気温の影響で、一般的には一〇℃気温が低いと三％程度空気密度が上昇します。得られるエネルギーが空気密度の分だけ大きくなるためで、寒いところでの風力発電は有利になると言えます。

（本田明弘）

参考文献

1　倉橋　勲・苫米地司・永田　薫・吹原正晃・田邊進一・本田明弘「（仮称）但馬ドームの積雪荷重の検討」『日本建築学会技術報告集』一四一六号、一一二巻、一九九七年、九一－九五頁
2　吹原正晃・四ッ谷誠・田村健夫・荒木崇臣・神田真一・倉橋　勲「自然と融和した〝つがる克雪ドーム〟（津軽の大地からの創造）」『三菱重工技報』Vol.39、No.6、二〇〇二年、三三二－三三五頁
3　国立研究開発法人土木研究所寒地土木研究所［寒地道路研究グループ］「吹雪から道路を守る防雪柵－北の道リサーチー（パンフレット）」（オンライン）
4　Library of Congress（Online）
5　Y. Nakamura Video flow visualization of bluff-body flutter, Kyushu University, Research Institute of Applied Mechanics, private communication, 1985; JSCE, Video The century of civil engineering, Digest of NHK Techno-Power Series, Vol. 1, No. 3, Long-Span Bridge, March 1994.
6　本田明弘「発現した渦励振、そして制振対策（東京湾アクアブリッジ）」『橋梁と基礎』五〇巻、八号、二〇一六年、一四〇頁
7　「架空送電線の調査・設計」（ホームページ・株式会社工学気象研究所 サイト運営）
8　WeatherTech ホームページ
9　Guadarrama Monitoring Network Homepage（GuMNeT）ホームページ
10　Wind, Fluids, and Experiments Lab, The University of Texas at Dallas ホームページ

第十三章　寒冷地向けスマートコミュニティ実現に向けて

スマートコミュニティとは

（1）スマートコミュニティの概念

まず図13－1を見てみましょう。電気や熱を作る人（供給側）と使う人（需要側）では、様々な理由によって、過不足や欲しい時のタイミングのずれが発生します。需要側と供給側をまとまった単位でうまく調整することによって、需要と供給のバランス問題を解決し、さらに付加価値をつけるという「ジグソーパズル」を解いていくのがスマートコミュニティの目指す方向性です。

具体的には、スマートコミュニティとは、「再生可能エネルギーやコジェネレーション*等の分散型エネルギーを用いつつ、ITや蓄電池等の技術を活用したエネルギーマネジメントシステムを通じて、分散型エネルギーシステムにおけるエネルギー需給を総合的に管理し、エネルギーの利活用を最適化するとともに、高齢者の見守りなど他の生活支援サービスも取り込んだ新たな社会システムを構築したもの」です（「エネルギー基本

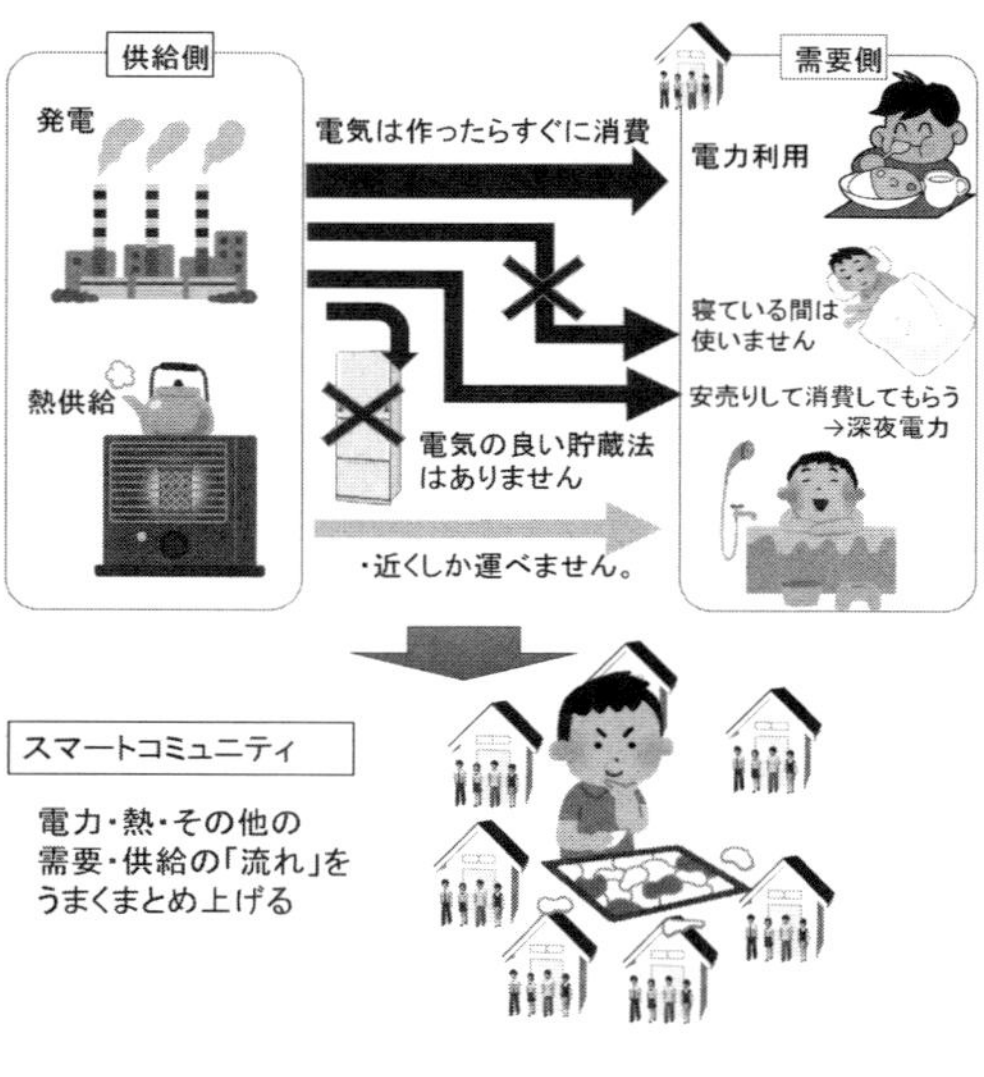

図13－1　スマートコミュニティの目指すコンセプト

計画」より）[1]。

最終的な理想形態はいくつかのマイルストーンを経て進化していくものと考えられます。基本的に電気（電流）をはじめとする「流れ」の種類、そして「流れ」の上流である「供給」と下流である「需要」に注目して分類すると**表13-1**のようになります。情報と電力の流れに対して、更に機能を追加していくことによって、様々な付加価値が生まれます。ただし、供給も需要も地域によって事情がかなり違いますので、ケースバイケースになります。各地域に適したものを、数多くある事例やモデルから適切に選び出すには、**表13-1**に示すように進化のレベルを示す「マイルストーン」や事例を分析するための「視点」を十分に考察することが必要です。

①第一世代　電力のみの「見える化」
②第二世代　電力のみの「見える化」および「マネジメント」
③第三世代　電力および他の「流れ」の「見える化」および「マネジメント」

第三世代に取り組むためには、第一世代や第二世代が実行できることが不可欠です。逆に第三世代まで到達しないと得られるメリット（付加価値）が少ないとも言えます。またスマートコミュニティは、集団をターゲットとした技術ですので、規模（スケール）の議論も重要です。スケールアップしないと得られるメリットが小さくなることもよくあります。一般的には、小スケールで実証した後で、スケールを大きくする手法がとられます。

コジェネレーション（コジェネ）
排熱を利用して動力・温熱・冷熱を取り出し、総合エネルギー効率を高めたエネルギー供給システムのこと。

表13-1　スマートコミュニティにおける「流れ」制御技術の複雑さの方向性

世代	対象	例	
第1世代	監視のみ	需要	・見える化
第2世代	電気の制御のみ	需要 供給	・デマンドレスポンス ・ピークカット
第3世代	電気以外の制御・ エネルギー貯蔵・ モバイルエネルギー	需要 供給	・コジェネレーション ・熱利用 ・電気自動車など

（2）スマートコミュニティにおける「マネジメント」とは

表13-1に示したように第二世代以降には「流れ」の「マネジメント」が必要となりますが、これは簡単ではありません。例えば、供給（発電）側は、自分の都合に合わせて全て電力を利用して欲しいですし、需要側は必要なときに十分な量が欲しいということになります。つまり、供給側や需要側のそれぞれが主張し合っていては、「マネジメント」ができません。

需要側が制御する方法として、デマンドレスポンスがあります。デマンドレスポンスとは「市場価格の高騰時または系統信頼性の低下時において、電気料金価格の設定またはインセンティブの支払に応じて、需要側が電力の使用を抑制するよう電力消費パターンを変化させること」と定義されています。つまり、供給側が強制的に電気を止める訳にはいかないので、電気料金価格やインセンティブのように経済的な仕組みを使って間接的に制御することになります。一方、供給側では、過剰な電力が送電網に投入されないようにしなければなりません。例えば、太陽光発電については、送電網側から強制的に出力抑制できる仕組みが整えられつつあります。このように、制御といっても間接的な制御しかできないことが多く、需要側・供給側の意思決定をどのように制御できるかがカギになります。

（3）スマートコミュニティを理解するための視点

スマートコミュニティは、エネルギー基本計画で定義されましたが、まだ実態を伴っておらず、概念自体も流動的な要素を多く含んでいます。様々なスマートコミュニティのアイディアを理解・整理する必要があります。そのため様々な視点で考え、「ジグソーパズル」を解いていくことになります。**図13-2**に理解するための視点をまとめました。ここでは、④の地域性（距離）、⑦の防災・セキュリティ、⑧の供給側・需要側の三つの視点について説明します。

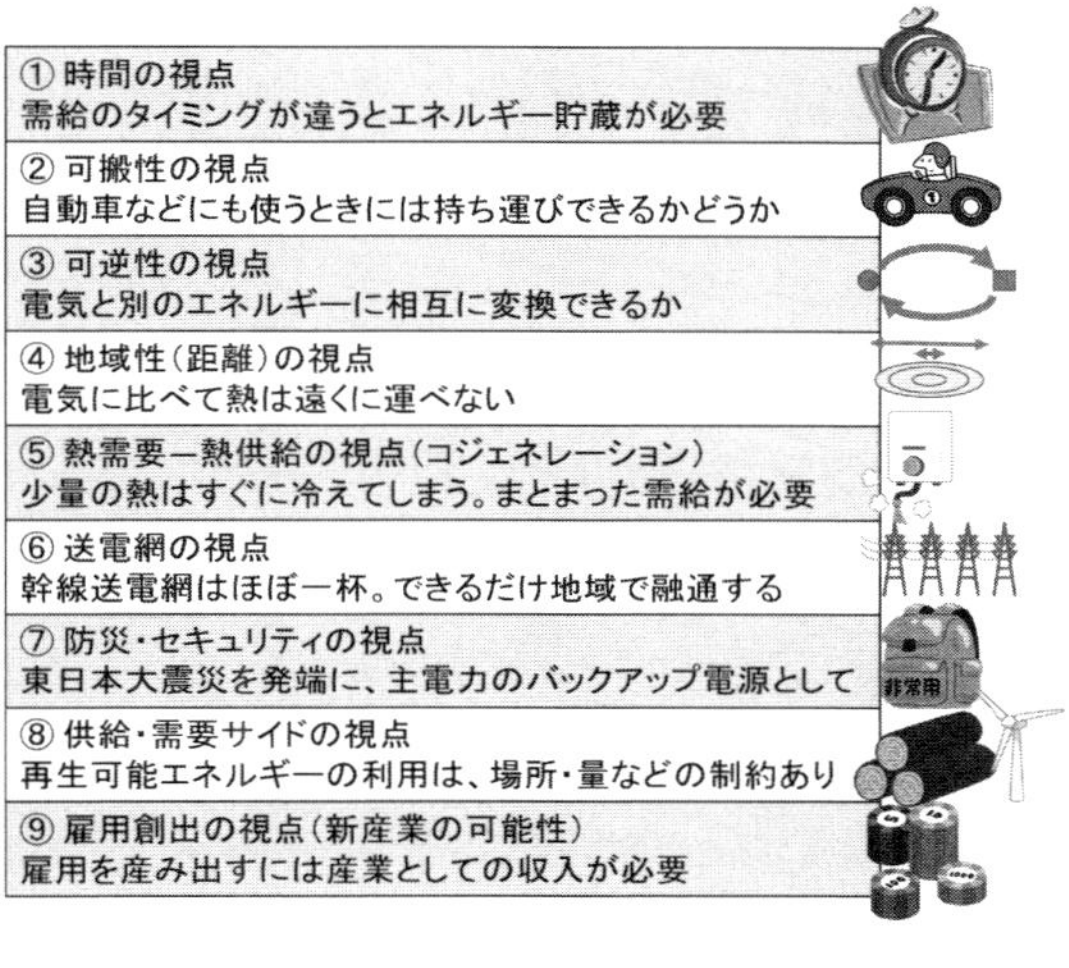

①時間の視点
需給のタイミングが違うとエネルギー貯蔵が必要
②可搬性の視点
自動車などにも使うときには持ち運びできるかどうか
③可逆性の視点
電気と別のエネルギーに相互に変換できるか
④地域性（距離）の視点
電気に比べて熱は遠くに運べない
⑤熱需要ー熱供給の視点（コジェネレーション）
少量の熱はすぐに冷えてしまう。まとまった需給が必要
⑥送電網の視点
幹線送電網はほぼ一杯。できるだけ地域で融通する
⑦防災・セキュリティの視点
東日本大震災を発端に、主電力のバックアップ電源として
⑧供給・需要サイドの視点
再生可能エネルギーの利用は、場所・量などの制約あり
⑨雇用創出の視点（新産業の可能性）
雇用を産み出すには産業としての収入が必要
非常用

図13-2　スマートコミュニティを理解するための視点

④地域性（距離）の視点

熱の利用に関しては、距離が重要になります。人里離れた場所で、地熱・温泉熱などの余剰熱があっても需要のある地域まで移動させるのは容易ではありません。コジェネの導入では、熱需要の大きなエリアに設置する必要があります。熱ではありませんが、木質バイオマスの利用では、原料の木材の供給場所とバイオマス発電などの利用する場所についても、あまりに離れてしまうと輸送費がかさむという問題があり、距離の視点が重要になります。

⑦防災・セキュリティの視点（東日本大震災前後における考え方の変遷）

スマートコミュニティへの取り組みは震災前から行われていましたが、震災を経てその位置づけ・考え方は大きく影響を受けました。震災前は、太陽光発電・風力発電などの出力変動にどう対処するのかという視点が強かったのですが、震災後は、電力不足をまかなう観点でデマンドレスポンスが強く前面に現れるようになりました。デマンドレスポンスはスマートコミュニティの持つ機能の一面に過ぎません。エネルギー供給が逼迫《ひっぱく》していない場合には、むしろ何らかの付加価値を生み出す方向に持っていく必要があります。

⑧供給側・需要側の視点

スマートコミュニティについては、供給側や需要側に注目するとモデルケースが考えやすくなります。**図13-3**のように、水産業と海洋エネルギーの組み合わせ、林業とバイオマスエネルギーの組み合わせ、農業と地中熱エネルギーの組み合わせなど、スマートコミュニティのモデルを、主要な一次産業と密接なつながりを持ってデザインすることが可能です。

スマートコミュニティ導入への道のり

（1）導入への障壁

スマートコミュニティを導入することで、その地域の総合エネルギー効率を上げつつ、地域の生活品質（ＱＯＬ）の向上や雇用の新規創出が可能であると説明しました。しかし、導入するにあたって、様々な障壁を乗り越えていく必要があります。スマートコミュニティは、地域インフラのひとつの形態であり、既存のインフラとの整合性を考える必要があることが、一番のポイントになります。私たちの生活基盤は、電気・水道・ガス・ネットワークなど様々な既存インフラによって支えられています。これらの既存のインフラとどのように整合させながら、スマートコミュニティという新しいインフラを導入していくかが重要になってきます。

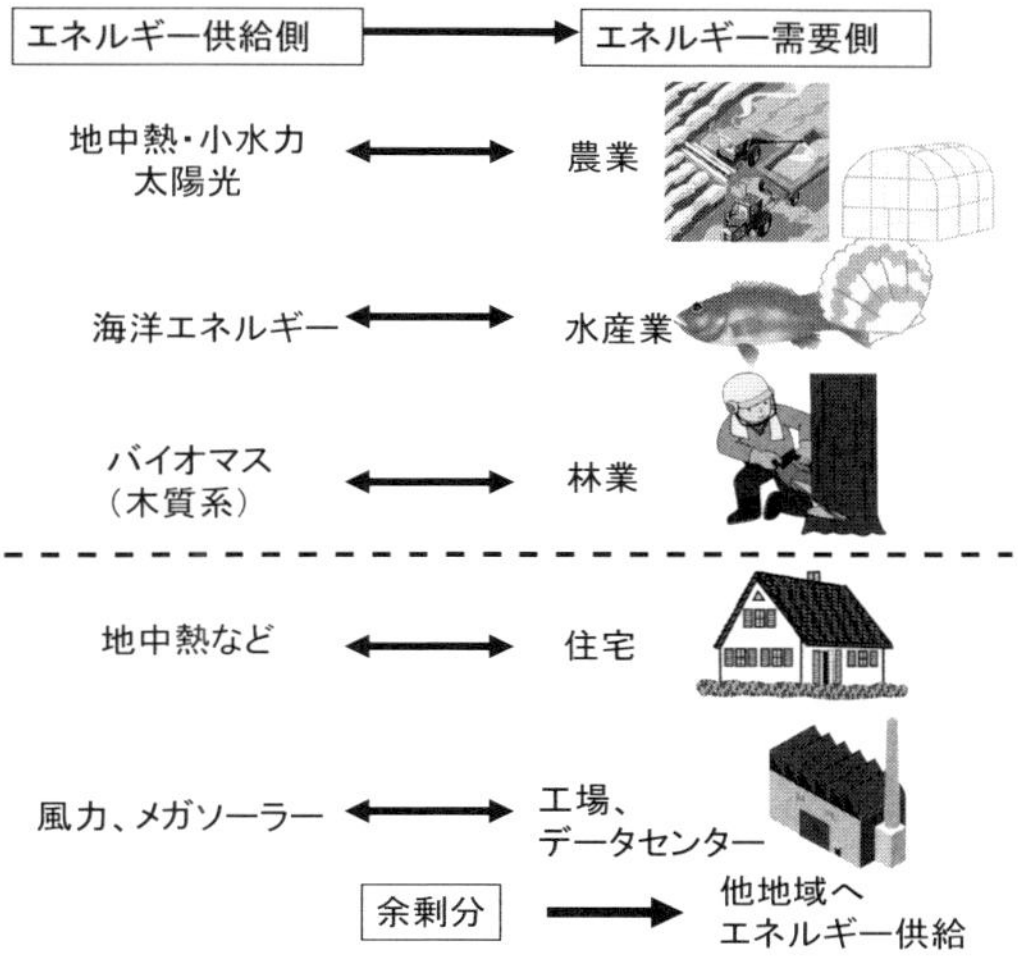

図13-3　供給側・需要側の視点によるスマートコミュニティの組合せの例

全く新しい地域づくりのケースや、古いインフラを取り替えるようなケースは、スマートコミュニティを導入する大きなチャンスです。例えば、自宅の屋根に太陽電池パネルを取り付ける場合を考えてみましょう。既にある住宅の屋根に取り付ける場合には、既存の屋根の強度など様々な問題をクリアする必要があります。一方、建て替えや大々的なリフォームであれば、かなり導入しやすくなります。

しかし、日本では、水道・電気・ガス・電話・ネットワークなど多くのインフラが全く異なる事業体で運営されており、敷設の費用負担の仕組みやインフラによる利権構造も大きく違います。この場合、古くなったインフラの取り替え時期がそれぞれのインフラで異なってきます。また、農用地・宅地・工業用地などの土地の利用区分が熱輸送の距離を増加させ、スマートコミュニティ導入の阻害要因になることもあります。

一方、ドイツでは、シュタットベルケという電気、ガス、水道、交通などの公共サービスを展開する公的要素の強いドイツ国内の事業体が地域インフラをまとめ上げており、スマートコミュニティを導入しやすい環境が整っています。一つの地域事業体であるために、共同溝などの地下空間の有効利用が可能となり、またインフラのメンテナンス性も向上します。今後は、日本でも地域インフラをまとめた事業体の設立が進んでいくと考えられます。

（2）スマートコミュニティの導入費用

資金的な観点でも大きな障壁があります。国の各種助成金を有効に活用した実証実験・事業が行われています。しかしながら、各種助成金や補助金は、短期的なものが多く、インフラを作ったものの、その後の進展があまり見られないケースも少なくありません。近年では、再生可能エネルギーと組み合わせて、固定価格買取制度（ＦＩＴ）の仕組みをうまく利用してスマートコミュニティを構築する事例も増えてきています。この場合には、売電で収入を確保しながら、余剰熱を有効利用する形になります。

（3）国内の実施例

国内の主な実証事業としては、経済産業省の「次世代エネルギー・社会システム実証事業」[2]（**表13-2**）や「次世代エネルギー技術実証事業」[3]が実施されています。「次世代エネルギー・社会システム実証事業」はすべて、**表13-1**の分類では、第二世代や第三世代に区分できるもので、規模・立地・蓄電技術・情報技術などに関して様々な取り組みがなされています。「次世代エネルギー技術実証事業」についても多くは第二世代に区分できるものですが、大阪市の「ごみ焼却工場等の都市排熱高度活用プロジェクト」[4]は第三世代に区分できます。これは、熱の「流れ」の制御をメインとしており、青森県のような熱需要の多い積雪寒冷地での適用に向けて参考になります。

積雪寒冷地向けのスマートコミュニティ

どのようなスマートコミュニティを構築するかは地域の特徴や事情によって異なります。積雪寒冷地の青森県をモデル地域として、いくつかの例を示します。様々な環境・産業に応じて構築できるシステムが大きく異なるために、以下の五例に分けて具体的なスマートコミュニティのイメージと想定できるシステムの規模を示しました。これらのモデルケースは、全てを網羅しているわけではありませんが、積

表13-2　4地域次世代エネルギー・社会システム実証事業の概要

サイト	タイプ	内容
横浜市	広域大都市型	広域な既成市街地にエネルギー管理システムを導入。サンプル数が多く(4000世帯)多様な仮説を実証可能。
豊田市	戸別住宅型	67戸において家電の自動制御。車載型蓄電池を家庭のエネルギー供給に役立てる。運転者に対して渋滞緩和の働きかけ。
けいはんな	住宅団地型	新興住宅団地にエネルギー管理システムを導入。約700世帯を対象に、電力需給予測に基づき、翌日の電力料金を変動させる料金体系を実施。
北九州市	特定 供給エリア型	新日鐵により電力供給が行われている区域において、50事業所、230世帯を対象に、電力料金を変動させる料金体系を実施。

雪寒冷地の地域特性を反映したスマートコミュニティシステムの導入を検討するきっかけになると考えられます。[5]

（1）農業協調型スマートコミュニティ（図13-4）

農業との連携では、ケースA（孤立型）とケースB（バイオマス発電付）の二通りが考えられます。農業に必要なエネルギー量（熱量）やバイオマスとして利用できるエネルギー量によって左右されます。

山梨県南アルプス市の事例[3]では、エネルギー供給源として木質バイオマスによるガス化発電・バイナリー発電システムや地中熱ヒートポンプを利用し、エネルギー需要先として、農業ハウスを想定しています。

このようにエネルギー供給源とエネルギー需要先が明確になっているほうが制御計画を立てやすくなります。またＦＩＴを利用してスマートコミュニティ外に売電できれば、高い売却益を得ることができます。しかし、木質チップのような利用しやすいバイオマスは量が限られているために、その安定確保が課題となっています。

（2）都市型コジェネレーション スマートコミュニティ（図13-5）

この場合には、ある程度まとまった熱需要家が必要となります。小さな熱需要家ばかりでは、細い熱導管が大量に必要となり、せっかくの熱をほとんど損失してしまうことになります。中規模熱需要家として、病院、学

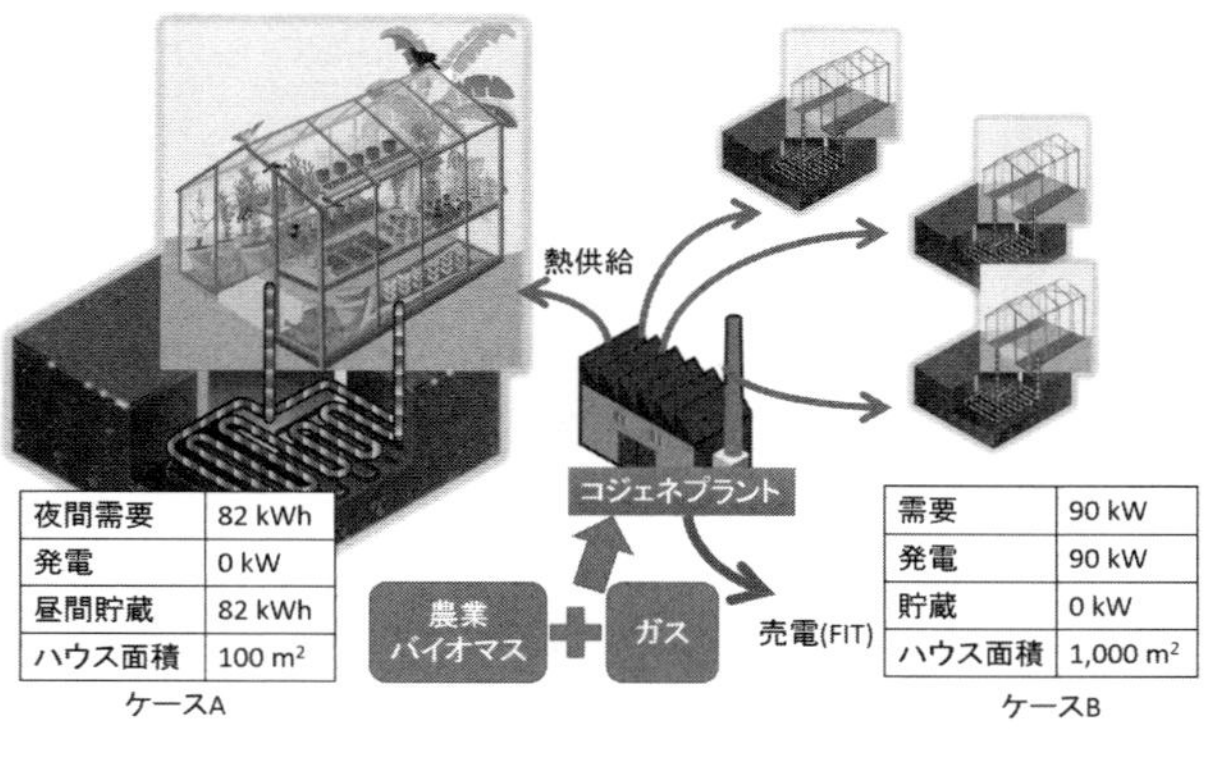

夜間需要	82 kWh
発電	0 kW
昼間貯蔵	82 kWh
ハウス面積	100 m²

需要	90 kW
発電	90 kW
貯蔵	0 kW
ハウス面積	1,000 m²

図13-4 スマートコミュニティのモデル例［農業協調型］

校、ショッピングモール、大型マンション、熱利用のある工場などが考えられます。

積雪寒冷地型の事例としては、弘前市まちなかセンターの事例[3]があります。地中熱を冷暖房と融雪に利用し、高いCOP（成績係数。エネルギー消費効率の目安）を実現しています。地中熱は、排気ガスのような環境への排出がほぼないため、都市部での利用に向いています。また寒冷地では、冬期のエアコン効率が室外機の霜付のために高くありませんが、地中熱を使うことで解決できます。

（3）下水処理施設協調型スマートコミュニティ（**図13-6**）

下水処理施設では、メタンガスを発生させてそれを有効利用するエネ

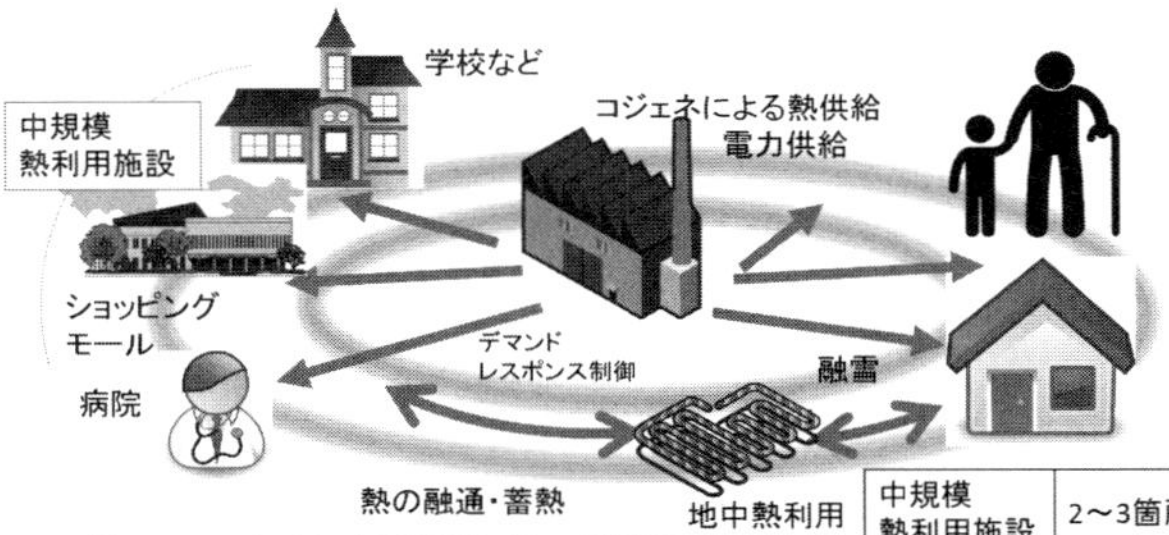

1. 熱のスマート化による災害に強い低炭素コミュニティ
2. 人（特に高齢者）が健康で快適に過ごせる都市型スマートコミュニティ
3. コミュニティを構成する施設としては住宅、医療施設、文教施設(産学連携オフィスも含む)等を想定する。

中規模熱利用施設	2～3箇所
住宅戸数	500戸
発電	20MW
熱導管	25km
蓄熱	100kW

図13-5　スマートコミュニティのモデル例
[都市型]

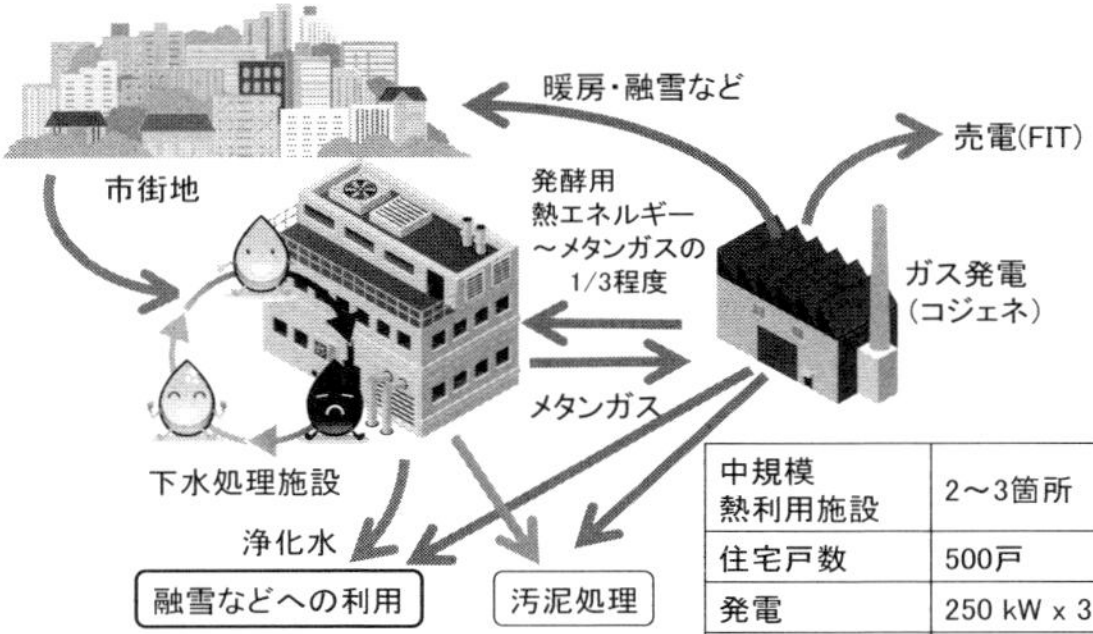

中規模熱利用施設	2～3箇所
住宅戸数	500戸
発電	250 kW x 3
排熱	～発電量の1.2倍
下水処理能力	50,000 m³/日

図13-6　スマートコミュニティのモデル例
[下水処理施設協調型]

ルギーシステムを構築できます。ただし、得られるメタンガスの熱量換算で三分の一程度は、メタン発酵のための熱エネルギーとして必要となります。残りの熱エネルギーのうち、下水処理時に発生する汚泥処理に利用すると、処理施設外に供給できる熱エネルギーはさほど多くはありません。しかし、下水処理したあとの水を融雪などの中水として利用できる可能性があります。メタンガスを利用した発電では、ＦＩＴが利用できるため、売電収入をうまく有効活用できます。

下水の総量は、その地域の世帯数と密接な関係があるため、人口が少なくなってくると、必要なメタンガスが不足するようになります。

（4）林業協調型スマートコミュニティ（図13-7）

間伐材で発生する木質バイオマスは、発電燃料としては比較的容易に利用できるため、ＦＩＴを有効利用すれば、初期投資や運転費を売電でまかないつつ、熱を有効に利用することによって、積雪寒冷地でより快適で安全な生活ができるようになります。また中規模の熱需要家として病院や学校があれば、燃料費の節約が可能となります。またハウス栽培などの農業と組み合わせることによって、暖房費の節約も可能となります。

木質バイオマスの供給量は、量が限られるために比較的小型なコジェネを導入することになります。また、バイオマスの輸送コストを抑えるためには、林業エリアにある集落でシステムを構築したほうが有利です。

図13-7 スマートコミュニティのモデル例
[林業協調型]

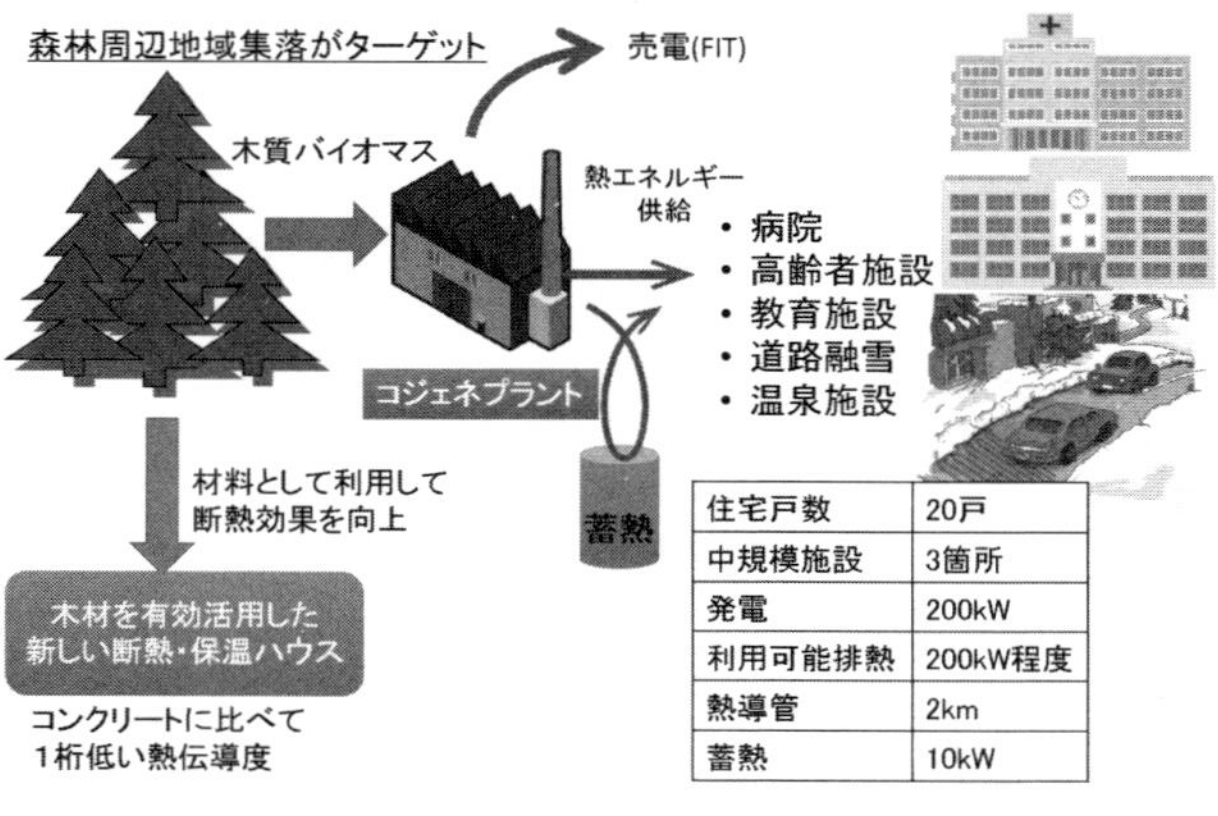

住宅戸数	20戸
中規模施設	3箇所
発電	200kW
利用可能排熱	200kW程度
熱導管	2km
蓄熱	10kW

一方、近年では、木材の優れた保温性・断熱性に注目して、住宅の一部への利用が見直されつつあります。木材の住宅利用は、燃料利用よりも採算性がよくなる上にコンクリートよりも1／10程度と小さい熱伝導度をうまく利用して冷暖房コストを抑制できます。

（5）養殖業協調型スマートコミュニティ（図13－8）

養殖業で水槽を利用する場合、水の浄化と水温調整が必要となることが多々あります。水温調整が地中熱でまかなえる程度であれば、地中熱利用の水温調整システムが適当です。一方、加温する必要があれば、小型のコジェネとの融合で、浄化や送水ポンプの電力もまかないつつ、水温調整が可能です。養殖業の場合、水自体が熱媒体なので、効率良く温度調整が可能であり、熱導管も比較的簡単にできます。

水産業型の事例として女川町水産加工業エネルギーマネジメント実証事業や気仙沼市スマートコミュニティ構築事業[3]があります。

漁業では、水揚げされた海産物を冷蔵倉庫・冷凍倉庫にいれる必要があり、輸送・保管にも大量の製氷を必須とするなど、多くのエネルギー需要があり、近くに想定される加工工場も冷熱を利用します。スマート化を図ることにより、電力や冷却などの効率を上げることが可能です。

以上、五つのモデルケースを紹介してきました。私たちの研究所では、

図13－8　スマートコミュニティのモデル例
［養殖業協調型］

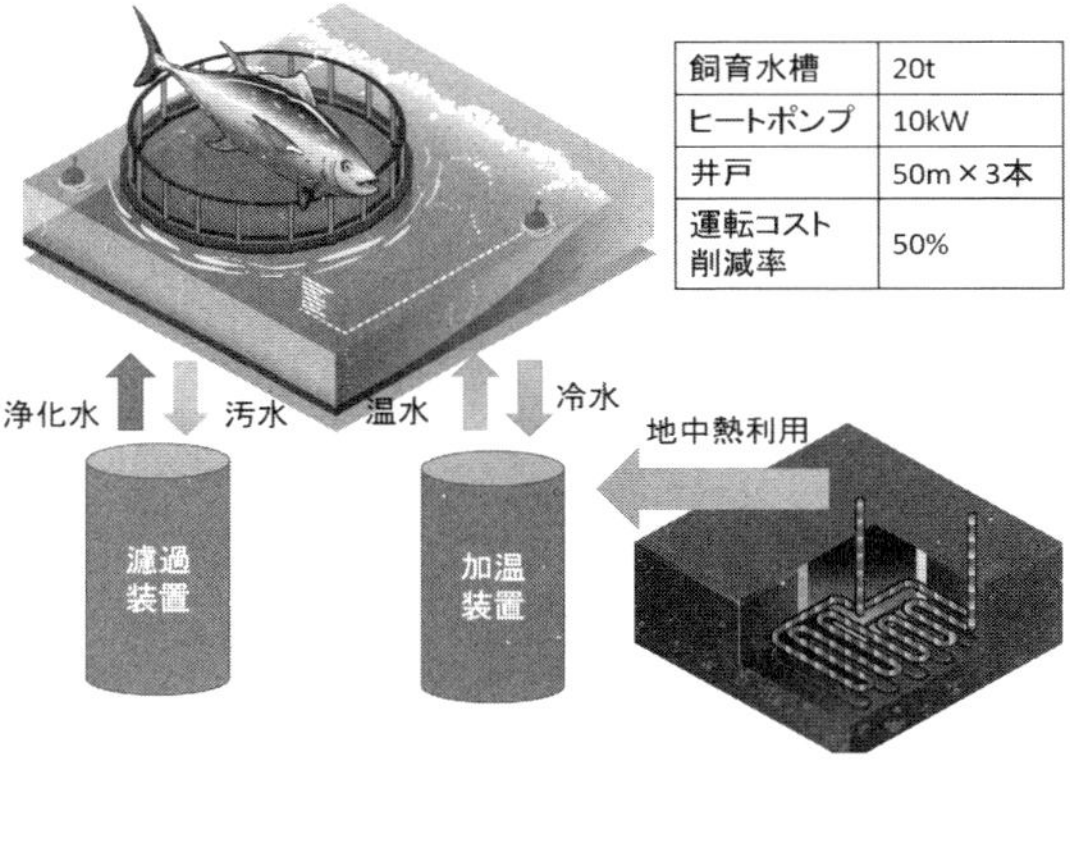

平成二二年度には、総務省環境負荷軽減型地域ＩＣＴシステム基盤確立事業「ＩＣＴ*の技術仕様の検証のための地域実証」に取り組み、青森県六ヶ所村で、電力需要の見える化、クラウドコンピューティング、需要予測シミュレーションによる電力利用の効率化・環境負荷低減の検証を行いました。[6] これは、第一世代に区分されるもので、現在、第二世代・第三世代のスマートコミュニティの実証に向けて取り組んでいます。

（伊高健治）

参考文献

1 「エネルギー基本計画」（平成二六年四月一一日閣議決定）（オンライン）

2 次世代エネルギー技術実証事業「成果報告書」（平成23年度及び平成24年度）

3 スマートコミュニティ導入促進事業（新エネルギー導入促進協議会）
経済産業省東北経済産業局（二〇一三年）平成24年度 我が国情報経済社会における基盤整備「東日本大震災復興計画における ＩＴ活用・再生可能エネルギー導入によるＢＣＰ・ＤＣＰ及び産業復興モデル構築の可能性調査」報告書（オンライン）

4 「ごみ焼却工場等の都市排熱高度活用プロジェクト」（オンライン）

5 「青森県エネルギー産業振興戦略 平成28年3月発行」（オンライン）

6 宮川大志・神本正行「家庭における電力消費と見える化の効果（第2報）－消費者の意識の影響とならし効果－」『第29回エネルギーシステム・経済・環境コンファレンス講演論文集』（CD-ROM）二〇一三年一月

ＩＣＴ
情報・通信に関する技術の総称。従来ＩＴが使われてきましたが、情報収集に通信手段は欠かせないため、広く使われるようになりました。文中では、ＩＣＴ技術を活用した電力制御技術の意味で用いられています。

おわりに～青森県の未来の暮らしとエネルギー～

イースター島をご存知でしょうか。

南米チリの首都サンティアゴと太平洋フランス領ポリネシアのタヒチのほぼ中間、南太平洋上に位置するまさに絶海の孤島です。モアイ像があることで有名で、一九九五年には世界遺産にも登録されています。その神秘的な存在、南の島の大自然、これらキーワードに魅了され、一度は訪れてみたいと考える人も多いのではないでしょうか。

モアイ像は四～五世紀に辿り着いたポリネシア人が建てたそうで、考古学的な調査の結果によれば、遅くとも十世紀には作られるようになったとされています。大きいものでは高さ九メートル、重さ九〇トンにもなるそうですが、これを重機もなしに建造・運搬する技術を保有していたことに驚きます。また、彼らはロンゴロンゴという、インダス文明で用いられた象形文字と恐ろしいまでに酷似した文字（あるいは記号）体系を使用していたようです。

ところがこの文字は未だに完全には解読されていません。読める人が居ないのです。つまり、イースター島でモアイを作ったポリネシア人たちの高度な文明は滅亡したのです。

何が起きたのでしょうか。諸説ありますが、その歴史を辿ると、悲しい物語に触れることになります。

首長を最上位とした規律ある社会構造で、当初は島民が増えて繁栄していきます。しかし、人口の増加は、食料を含めた物資の不足を引き起こします。島の資源循環だけでは島民の生活を支えきれない状態なのに資源の乱獲、つまり生活基盤である自然を破壊し、さらには資源物資を巡る紛争が頻発します。ついには島が荒廃し人口は激減、かつての文明など見る影もない原始的な生活を営むまでに衰退したのです。

今の世界はどうでしょうか。イースター島の歴史と比べれば、文明が相当に進み、昔は神がかりとされていた数々の現象も科学が解明しています。文明の利器があってそれを当たり前に使用して、豊かな生活を営んでいます。ただし、「化石資源を湯水の如く使って」。

化石資源が枯渇危機にあるとされてから随分経ちます。その間にも採掘技術は進歩し、資源の枯渇するXデーは先送りにできています。人類は技術革新と意識改革によってこれに抗していますが、その日はやがて来ます。化石資源の生成される時間スケールは長く、その生成量と比べて私たち人間の使用量が圧倒的に上回っているからです。

石油の利用や採掘利権をめぐって国家間、民族間での争いも起きています。無計画であった化石資源の使い方によって地球温暖化が起こり、異常気象を招き、地域によっては人災とも言える食料危機も増えています。これは今の人類があたかもイースター島の歴史を繰り返してゆくかのようです。

青森はどうでしょうか。もちろん他人事では済まされません。

青森県は再生可能エネルギー資源の種類と賦存量が豊富です。再生可能エネルギー立県も夢ではないと思います。もちろん、そこに辿りつくにはたくさんの障壁があります。政治・経済的な大人の事情といいましょうか。例えば地熱や風力利用における法規制や、各種の利権対立などです。企業であれば「採算が取れるか否か」、つまり「儲けられるか」、これも重要ですね。採算度外視で地域貢献しようなんて美学だけでは、従業員を養っていけませんし、せっかく立ち上げたエネルギー会社の経営が続きません。官公庁に頼る手も悪くはありませんが、法規制を超越した業務は立場上できません。

ではどうする？　他人にお任せするだけだと序章で記したストーリーの範囲内かもしれません。自分で行動を起こすべきだと思います。自分の未来のために、自分のために、地元のために、自分で。

どういう行為が正解なのかはわかりません。でも、自分のために、地元のために、声を上げる人がいて、その声が集まって大きくなれば、カタチを成すのも歴史の事実です。過去をやり直すなんてできませんので、なるべく早く、今から行動を起こしたいですね。

私たちは再生可能エネルギー利活用技術という手段で青森の未来を変えたいと思います。行動はすでに始めています。将来までの長期計画についても議論しています。一年でも一カ月でも早い技術普及、施設の実装を目指します。もしも一緒にやりたい方がいるなら歓迎します。共に時代を切り拓き、青森県の未来を明るくしましょう。

ところで何が正解なのでしょうね。二〇五〇年になって、明るく暖かい部屋で皆さんがたくさんの子や孫に囲まれたとき、その答えはわかるのではないでしょうか。

（久保田健）

豆知識

ワットとワットアワー

家電製品の説明書を見ると「定格消費電力○○ワット（W）」と書かれていますね。ところが、毎月電力会社から届く“電気ご利用のお知らせ”を見れば、「ご使用量：△△キロワットアワー（kWh）」、あるいは家電量販店のチラシ（例えばエアコン）を見れば、「期間消費電力量：◇◇kWh」と書かれていますね。1時間だけ使うわけでもないのに“ワットアワー”と書かれていたり、電力と書かれているのに“ワット”だったり“ワットアワー”だったり、一見ごちゃまぜです。

左ページの表にあるように、ワットとワットアワーはそれぞれ仕事率とエネルギー（仕事量）を表すもので、同じものではありません。ワットは、電気機器などで消費される電力（エネルギー）の時間率量で、ワットアワーは総量にあたります。例えば、1秒間に消費電力1 kW（1,000 W）の電気ストーブを1時間運転させると、電力消費量は1 kWh（1,000 Wh）です。10時間だと10 kWh、6分だと0.1 kWhです。電気量の表現は、ワット秒やワット分という表記をとることもありますが、通常はkWhを単位としています。また、機器によっては消費ワット数が常に一定ではありませんので、期間中の積算値をkWhで表しています。

ワットアワーとジュール

本書でも随所に出てくるエネルギーの表現として、“ワットアワー（Wh）”と“ジュール（J）”があります。数式で表すと、1［Wh］＝3,600［Ws］＝3,600［J］の関係にありますが、この量、感覚的にはピンとこないのではないでしょうか。身近な例に置き換えてみます。

ヒトが生活を営む上で必要なエネルギー量（基礎代謝分）は、一日あたりおよそ1,700～2,000 kcalとされています。もちろん生活スタイルや体形・性別・年代によって増減しますが、ここでは2,000 kcalと仮定し、左ページの表から、2,000 kcalは8,360 kJであることが簡単に計算できます。さらにワットアワー表記に変換すれば2.32 kWhです。これは一日分（24時間分）ですから、時間あたりにすると約100 Whです。極論ですが、ヒトは消費電力100 Wの電気製品とも言えます。

逆に、身の回りの電気機器では、ノートパソコンや中～小型冷蔵庫、30インチ程度の液晶テレビが100 W級の製品です。ドライヤー（1 kW）や電子レンジ（500 W）は動きません。また、家庭で消費される電力量の平均値は一日あたり約6 kWh/人で、産業活動をも含めた消費電力量の平均値に至っては一日あたり約20 kWh/人です。人体のエネルギー効率がとても良いと認識させられる反面、便利な生活のために莫大なエネルギーを使用していることが理解できると思います。

単位まとめ

接頭辞（接頭語）

記号	倍数	読み方	
n	10^{-9}	ナノ	nano
μ	10^{-6}	マイクロ	micro
m	10^{-3}	ミリ	milli
c	10^{-2}	センチ	centi
k	10^{+3}	キロ	kilo
M	10^{+6}	メガ	mega
G	10^{+9}	ギガ	giga
T	10^{+12}	テラ	tera
P	10^{+15}	ペタ	peta
E	10^{+18}	エクサ	exa

基本的な単位

記号	量の種類	読み方	備考
m	長さ	メートル	
m^2	面積	ヘイホウメートル	
m^3	体積	リッポウメートル	
ℓ	容積（体積）	リットル	$1\ell = 10^{-3}m^3$
g	質量	グラム	1t（トン）= 10^{+6}g
s	時間	ビョウ	1m（分）= 60s，1h（時間）= 60m， 1d（日）= 24h，1y（年）= 365d
Hz	振動数，周波数	ヘルツ	1Hz=1/s
J	エネルギー （仕事，熱量）	ジュール	J = Ws，Wh = $3.6x10^{+3}$J 1cal（カロリー）= 4.18J
eV		エレクトロンボルト	1eV = 1.6×10^{-19}J
W	仕事率	ワット	1W = 1J/s
℃	温度（セルシウス度）	ド（セルシウスド）	K（ケルビン度）= 273+℃
G	加速度	ジー	1G = $9.8m/s^2$
lx	照度	ルクス	
T	磁束密度	テスラ	1T=10^{+4}G（ガウス）

その他、本書で使われている単位

ワットサーマル（Wth）

熱の出力単位として用いられます。また、明確に区分するなら電気の出力単位はワットエレクトリカル（We）と表記しますが、エネルギー量としては等価です。

バレル（bbl）

液体種類や用途、国によって規定量が異なりますが、図1-7（P.6）では石油の単位として用いられており、この場合は1バレル（bbl）＝159リットル（ℓ）です。

井岡 聖一郎

地下水汚染物質の自然浄化過程に関する研究で筑波大学大学院博士課程地球科学研究科地理学・水文学専攻を修了し、その後一貫して地下の水資源に関する研究に従事し、現在は、地中熱・温泉熱・地熱資源の評価、利用技術に関する研究開発に取り組んでいます。

久保田 健

東北大学大学院工学研究科博士後期課程修了（博士（工学））。2011年より弘前大学准教授。長年、機能性金属の新規探索と素材化研究に注力してきましたが、弘前大学では再生可能エネルギー利用技術の研究に取り組んでおり、開発素材等を用いたセンサーや発電デバイスの開発、さらには地域への発電システム実装を目指しています。

神本 正行

東京大学工学系研究科博士課程修了。電子技術総合研究所（後に産業技術総合研究所）を経て弘前大学北日本新エネルギー研究所長。現在弘前大学学長特別補佐。エネルギー貯蔵を中心としたエネルギー技術と熱測定を専門とし、再生可能エネルギーの大量導入と持続可能なエネルギーシステムの実現を目指しています。

古屋 泰文

東北大学工学研究科出身で、大学で36年間、金属系新素材開発とそれを用いたセンサー・アクチュエーター用スマートデバイスを研究開発してきました。材料加工プロセス・微視的組織制御による特性やエネルギー変換効率の大幅向上は、実用にも直結して材料研究者の醍醐味です。環境発電素子と無線機能を連結させた自立型IoTセンサーへ研究展開中です。

執筆者紹介

村岡 洋文

専門は地熱地質学です。地質調査所と後継の産業技術総合研究所に32年間勤めた後、弘前大学北日本新エネルギー研究所に奉職しました。理由は長年調査した青森県の地熱資源を地熱発電等、実際の利用に供したかったからです。500℃を超えた葛根田深部地熱、インドネシア地熱、全国地熱資源量評価、温泉発電等にも従事しました。

島田 宗勝

自動車会社の研究所に長期間在籍していたため、自動車技術全般を理解していることが強み（と自負しています）。磁性材料とその適用技術（力センサー、モーター等）。寒冷地向け電気自動車とその要素技術。海洋エネルギー利用技術（小型水車発電機）。再生可能エネルギー（小型風車による揚水ポンプ）。

伊高 健治

1992年京都大学理学部卒業。３年間日立製作所に勤務した後、2000年東京大学大学院工学系研究科 博士（工学）取得。2010年弘前大学准教授、2016年より同大学教授。ものづくりの基本に立ち返って、酸化物から有機材料までの幅広い材料から、熱電素子・太陽電池・蓄電素子などのエネルギー変換素子への応用を目指しています。

本田 明弘

東京都出身、京都大学工学部および工学研究科から、長崎にある三菱重工業の研究所に勤務し、2016年４月に弘前大学へ赴任しました。学生時代から長大橋梁や高層煙突、大型ドーム、高層ビルなどの大型構造物や大型風力発電機を対象に、風に関わる荷重や振動、エネルギー変換などを専門にしてきました。青森の豊富な資源である風・海洋エネルギーを、地域の活性化に繋げるよう奮闘努力中です。

官《かん》 国清《こくせい》

中国四川大学大学院博士後期課程修了（博士（工学））。2010年より弘前大学准教授。2016年同大学教授。バイオマス及び水素エネルギーを中心としたエネルギー変換工学を専門とし、バイオマスから燃料、化学品及び材料へ高効率な転換及び新エネルギーを利用した水素の低コスト製造を目指しています。

「知の散歩シリーズ」刊行にあたって

学問を発見した古代の人々は、知を学ぶプロセスを表すために「道」のイメージを用いました。ユークリッドは「学問に王道なし」と警告し、老子は「千里の道も一歩から」と助言し、韓非は「老いたる馬は道を忘れず」と述べ、経験の重要性を説きました。

グローバル化が進む現在、私たちが暮らす世界では、知の道路地図が大きく書き換えられてきています。さまざまな知の領域で、かつて存在したさまざまな思考の道筋が、これまでなかったような新しい回路へと変容しつつあります。

そうした日々刷新を続ける「知の道」が集まるプラットフォーム（基盤）、それが大学です。大学の中を走る知の道を歩くとき、多くの新鮮な発見があるはずです。地域と世界の最新の姿を目撃し、思いもよらない科学技術のもたらす恩恵に驚き、これまで知られてこなかった文化の魅力的な相貌に感動し、社会と人間の進むべき道に思いをはせる……。

私たち弘前大学もまたそうしたプラットフォームのひとつです。この「知の散歩シリーズ」は、高校生から大学生、そして社会人の皆様を弘前大学に集まる知の道へと誘うためのガイドブックとして構想されました。各分野の第一線の研究者たちが、さまざまな課題や問題に関して、できるだけ平易に、肩肘張らず、そして地域固有の視点に結び付けながら解説（ガイド）していきます。読者の皆様もリラックスしながら、私たちとともに、知の道を歩いてみませんか。もし、この散歩で新たな発見をしていただけたならば、これ以上の喜びはありません。

弘前大学出版会

知の散歩シリーズ 1

再生可能エネルギーで
地域を変える

2017年２月20日　初版第１刷発行

監　　修　久保田 健（クボタ タケシ）・神本 正行（カミモト マサユキ）

装　　丁　弘前大学教育学部　佐藤光輝研究室

発 行 所　弘前大学出版会
〒036-8560　青森県弘前市文京町１
電話 0172（39）3168　　FAX 0172（39）3171

印 刷 所　やまと印刷株式会社

ISBN 978-4-907192-44-0